イラストでわかる
電気管理技術者
100の知恵

PART 2

武智 昭博

電気書院

── 読者の皆様へ ──

　先に上梓した「イラストでわかる　電気管理技術者100の知恵」で先輩から指導を受けた新人は，徐々に成長していますが，まだまだ疑問はいっぱいです．この状況を温かい目で見守る先輩は，新人のさらなる飛躍を期待しているのです．今回は，自家用電気工作物の中でも最も疑問の多い変圧器や高圧コンデンサを中心に，近年のデータセンタで重要な役割を果たしているUPSの取扱いなどにも触れます．

　「なぜこのような操作を行うのだろうか」「どうしてこうなるのだろうか」と，疑問は次々に沸いてくるものです．先輩に対する新人の質問も，その対象や内容がだんだん高度になってきます．質問の応酬を通じて，新人はレベルアップしていきます．この質問する力が大切なのです．何かトラブルや問題が発生したときは，困ったと頭をかかえることもあります．しかし，視点を変えると，問題の発生は機器などから投げかけられた課題だととらえることができます．ここで思考し対処法を考えることで，また一歩成長していくのです．

　電気のメンテナンスには，一応のマニュアルが存在し，何も疑問を持たずともそれに沿って実施することは可能ではあります．しかし，それでは複雑な電気のシステムを真に理解したとは言えません．電気機器には，不思議な現象やからくりが存在します．これは先人が機器製作の際，さまざまな問題が発生し，それを解決するために試行錯誤を重ねた結果と思われます．

　電気を学ぶには，奥深い学習と探求心をもって臨まなくてはなりません．そこで筆者は，この難しい電気を少しでもわかりやすく紐解くために工夫を加えております．文章だけでは理解しにくいことを，オリジナルなイラストにより補完し，読者の皆さんに伝えるべく努めています．新人の方々に技術伝承したいテーマや，中堅技術者の方々でも，何となくやり過ごしてしまっていて，"今さら，知らないとは言えないな"というような事がらについて解説します．

　本書は，筆者が新人の頃から現在に至るまで，電気管理を通じて疑問に思ったことを調べてノートにまとめていたものや，その後，新た

に取り組んで得た知識・自ら考案したアイデアなどを盛り込んでいます．いわば，筆者の体験の集大成です．

> 　内容については，以下の点に留意してまとめました．
> ① 「基礎強化・応用発展 編」「トラブル・事故例 編」の2本立てとし，1テーマ毎，見開きで解説しました．
> ② すべてのテーマにイラストを入れ，これを見ただけでも，イメージが膨らんできて，概要が理解できるよう工夫しました．

　ここでは，"イラストでわかる　電気管理技術者100の知恵PART 2"と題し，電気管理の現場にたずさわる人が知っておきたい重要な項目を解説します．新人技術者は現場実務の初歩的な学習として，ベテラン技術者は知識の確認や現場教育などに活用していただきたいと思います．

　なお本書は，2015年9月から2017年1月まで，電気計算に連載しました"イラスト版　続・新人電気管理技術者の「素朴な，なぜ？」を解明する"をもとに加筆・修正を加え再編集したものです．わかりやすく，やさしい解説を心がけました．皆様の電気管理への理解の一助となれば，筆者の喜びとするところです．末尾ながら電気書院編集部はじめ，諸先輩のご指導のおかげで書籍化できたことに感謝し，お礼申し上げます．

2017年4月

武智　昭博

目　次

第1章　基礎強化・応用発展 編

1項　変圧器に関する知恵

1　運転中のモールド変圧器に触れることなかれ！　　2
2　実際の変圧器は，理想変圧器とは違うことを認識しておくべし！　　4
3　アモルファス変圧器が省エネになるわけとは……　　6
4　比率差動継電器は，変圧器一次側・二次側の位相を合わせている　　8
5　特高変圧器の内部故障検出には，機械的継電器も採用している　　10
6　変圧器の並行運転では，極性・巻数比が異なると循環電流が流れる！　　12
7　ネットワーク変圧器の温度が，昨夏よりだいぶ低いが……　　14
8　モールド変圧器は，設置条件次第で屋外でも使用できるが……　　16
9　単相変圧器は，負荷バランスに注意しなければならない！　　18
10　変圧器鉄心（けい素鋼板）は，うなり音出すも損失減ず！　　20
11　モールド変圧器の温度計測には工夫を凝らしている！　　22
12　変圧器の励磁電流は，第3調波を含んだひずみ波でなければならない！　　24
13　関西（60 Hz）の変圧器を関東（50 Hz）で運転すると，鉄損・騒音が増大する！　　26
14　三相変圧器の励磁電流の第3調波成分は，△結線内を循環する！　　28
15　三相変圧器の励磁電流第3調波成分が△結線内を循環するからくりとは　　30
16　変圧器の励磁突入電流の発する「うなり音」が大きいわけとは？　　32
17　変圧器並列運転は，台数制御により損失を減らすことができる！　　34
18　三相変圧器の結線は，こういうわけでY-△となっている！　　36
19　その変圧器は低圧側が400 Vだから，混触防止板を取り付けている！　　38
20　混触防止板付き変圧器は，UPSなどの電源として使われる！　　40
21　特高変圧器は，負荷時タップ切換装置（LTC）で適正電圧を保っている！　　42
22　変圧器は，自らの諸問題をほとんど自己解決している！　　44

2項　コンデンサ・リアクトルに関する知恵

23　高圧コンデンサ電流の計測には，こういう意味がある！　　46
24　高圧コンデンサ開閉時諸現象への対応，あれこれ　　48

25	高圧コンデンサと直列リアクトルの定格容量が半端な値だな……	50
26	直列リアクトルは，自らを犠牲にしてコンデンサを守っている！	52
27	特高盤には，コンデンサがないのだが……？	54
28	高圧コンデンサの自動力率調整は，サイクリックで制御している！	56
29	近年の高圧コンデンサ（SC）は，ガス封入式のものもある！	58
30	高圧コンデンサ（SC）の自動力率制御……その稼働状況を把握せよ！	60
31	高圧コンデンサの内部結線がY結線となったのは，こういう理由である！	62
32	高圧コンデンサ（SC）の容量アンバランスは，異状の前兆である！	64
33	高圧コンデンサの破壊は，このようなプロセスで進行する！	66
34	高圧コンデンサ素子破壊時の電流分布を解析する！	68

3項　遮断器・避雷器に関する知恵

35	遮断器（CB）は，取付点の短絡容量より大きいものを選定する！	70
36	VCBの遮断メカニズムは，このようになっている！	72
37	VCBの真空バルブの真空度試験には，パッシェンの法則を応用する！	74
38	近年の避雷器は，ZnO素子の優れた動作で電気機器を保護している！	76

4項　PAS・UGS・高圧ケーブルに関する知恵

39	絶縁耐力試験……電圧がかかりにくいときはリアクトルを活用せよ！	78
40	近年のPASはケーブル耐圧試験時に，3相一括としなければならない！	80
41	高圧ケーブルの遮へい層の接地は，電気保安上から施している！	82
42	高圧引込ケーブルの耐圧試験……試験用変圧器の容量はいかに？	84
43	UGS（高圧ガス開閉器）は，ZCT・ZPD・VTを内蔵している！	86
44	UGSの取付け時には，電力会社の系統切換えが必要である！	88
45	PASは地絡方向継電器（DGR）のSOG制御機能で保護されている！	90
46	高圧CVケーブルの水トリー現象を解明する	92

5項　発電機に関する知恵

47	バックアップ電源は，確実に切り換わることを確認する必要がある！	94
48	非常用発電機同期投入のプロセスはこのようになっている！	96

6項　UPSに関する知恵

49	UPSの中から聞こえる「ピー・シュー」という音はなんだろう？	98
50	コンピュータは，UPS（無停電電源装置）でバックアップしている	100

51	UPS（無停電電源装置）の点検には，バイパスと保守バイパスを使う	102
52	UPS点検時のUPS停止前に，保守バイパスに移す！	104
53	UPS点検後は，保守バイパスを切り離して復旧する！	106
54	蓄電池は，UPSの命綱である！	108
55	大容量UPSに付属する空調機にもバックアップが必要である！	110
56	共通予備UPS変圧器は，電源載せ換えの役割を果たしている！	112

7項　計器・計測器に関する知恵

57	契約電力はデマンドタイム30分間で決まる！	114
58	接地抵抗値が規定値より高いときには，このような対処法がある！	116
59	自動力率調整器を導入すれば，こんなメリットがある！	118
60	変流器（CT）の二次側を開放すると，こんな現象が起きる！	120
61	過電流が流れたとき，OCR内のb接点が開放してVCBを引き外す！	122
62	受電盤の地絡継電器（GR）が不用になっているが，いいのかな？	124
63	日常の絶縁抵抗管理は，漏れ電流測定で代替できる！	126
64	ZPD（零相電圧検出器）は，DGRで位相判別するためにある！	128
65	絶縁常時監視装置は，漏れ電流を監視して異常時に警報を出す！	130

8項　変電所等全般に関する知恵

66	瞬時電圧低下・瞬時停電は，データセンタには脅威である！	132
67	電気管理技術者には，電力料金システムの理解も必要である！	134
68	保安検査手順書や日常巡視点検記録は，日々改善していくべきである！	136
69	架空電線と大地には「見えない空気コンデンサ」が存在する！	138
70	省エネ・省コストも，電気管理技術者の使命と心得よ！	140
71	揚水発電所は，ピーク供給力を担う大規模蓄電池である！	142
72	スポットネットワーク（SNW）では，電力会社の工事の際も停止する！	144
73	スポットネットワーク（SNW）の保護はこのようになっている！	146
74	データセンタの最大電力が，毎年12月に大きいのだが……？	148
75	スポットネットワーク（SNW）の短絡接地はこのように取り付ける！	150
76	スポットネットワーク（SNW）の短絡接地はこのように取り外す！	152
77	データセンタの高圧は，2回線（本線・予備線）で構成されている！	154
78	「業務用電力2型」のメリットがなくなったようだが……	156

79	「力率は，若干進み力率で管理する」のがベストである！	158
80	需要家の構外からの「もらい事故」について考察する	160

第2章　トラブル・事故例 編

1項　変圧器・コンデンサに関する知恵

81	放射温度計でモールド変圧器の温度測定中に接触……ビシッ！	164
82	力率が遅れ99％なのに，2台目のコンデンサが入らない？	166
83	以前は，高圧コンデンサ（SC）の破裂事故は珍しくなかった！	168

2項　UPSに関する知恵

84	9Fキュービクル（UPS・空調負荷）の切換SWが手動のままだった…ヒヤリ	170
85	高圧保安検査時にUPSが本線から予備線に切り換わらない……困った	172
86	仮設ケーブル布設時……UPS停電補償時間10分間の焦り……	174
87	UPSの蓄電池に，電圧が低いユニットがあるが……	176
88	思いつきの予定外作業は要注意である……その作業待て！	178
89	キュービクルのケーブル貫通口施工には注意すべし！	180

3項　その他機器・計器に関する知恵

90	定期保安検査終了後，VCBが投入できない……困った……	182
91	発電機起動盤の手動・自動切換スイッチは，もとに戻すことを忘るべからず！	184
92	OCR試験でCTの二次側に電流を流してしまった……「ブー」！	186

4項　変電所等全般に関する知恵

93	停電したと勘違いして短絡接地器具を取り付けてしまった……ボーン‼	188
94	低圧用検相器を断路器に当てて検相しようとした……ボーン‼	190
95	キュービクル内清掃中に感電……ビシッ‼……停電のはずだが？	192
96	短絡接地器具を付けたまま復電してしまった……ボーン！	194
97	LBS取換工事で，充電している避雷器に誤って接触……ビシッ！	196
98	キュービクルのダクトに隙間あり！……しめしめ（ねずみの声）	198
99	配線接続部の亜酸化銅増殖発熱現象で火災発生……ボヤ？	200
100	再現性のない絶縁不良は根気よく探す．そして推理だ！	202

高圧受変電設備の単線結線図

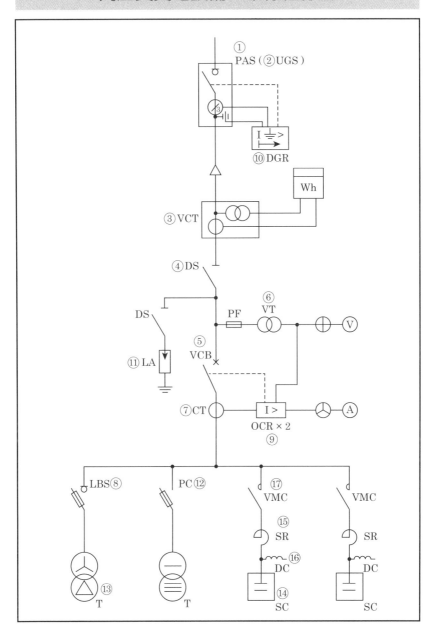

受変電設備主要機器の解説

①高圧気中開閉器（PAS：Pole Air Switch）

架空引込みの場合に設置される開閉器であり，PASの中に責任分界点がある．需要家構内で地絡事故が発生した場合，方向性地絡継電器（DGR）が動作し，この開閉器が開放され，外部波及事故を防ぐことができる．近年では計器用変圧器（VT）や避雷器（LA）を内蔵しているものが主流である．

②地中線用高圧負荷開閉器（UGS：Underground Gas Switch）

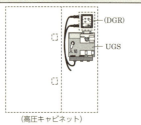

地中引込みの場合に設置される開閉器であり，動作はPASと同様である．SF_6ガスが封入されている．無色・無臭の不燃性ガスであるが，温室効果ガスに指定されたので，UGSを廃棄するときは，ガスの回収が必要となる．近年では，SF_6を使用しない開閉器として，UASもある．

③計器用変圧変流器（VCT：Voltage Current Transformer）

電力会社が電気使用量を計測するための変成器であり，電圧を取り出すVTと電流を取り出すCTで構成されている．電力量は，電力量計に表示される値にVCTの変成比（乗率）を掛ける必要がある．

④断路器（DS：Disconnecting Switch）

メンテナンス時に，一次側の高圧ケーブルと二次側の高圧機器を切り分ける目的の機器である．断路器は負荷電流を遮断する能力はないため，開放するときは，遮断器を開放してから断路器を開放する．投入するときは，断路器を投入してから遮断器を投入しなければならない．

⑤真空遮断器（VCB：Vacuum Circuit Breaker）

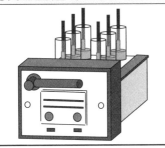

自家用電気工作物に短絡や地絡が起きたとき，継電器からの信号により遮断する装置である．高真空の容器内に接点のある遮断器である．VCBは汚損に弱く，対地間や線間の絶縁が低下するとトラッキングが発生しやすいので，定期的に清掃が必要である．

⑥計器用変圧器（VT：Voltage Transformer）

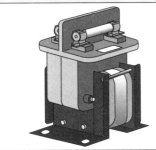

電圧表示のために，高圧側の電圧を計器に適した電圧に変成するものである．原理は変圧器と同様である．一次巻線・二次巻線・鉄心から構成されている．

⑦計器用変流器（CT：Current Transformer）

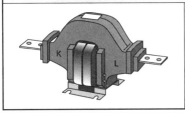

電流計への表示や過電流継電器（OCR）を動作させるための機器である．充電時にはCTの二次回路を開放してはならない．開放すると，二次側に高電圧が発生して焼損するため，過電流継電器の試験時には注意が必要である．

⑧高圧交流負荷開閉器（LBS：Lord Break Switch）

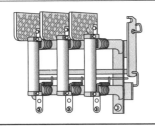

主として変圧器や高圧コンデンサの保護として，その電源側に設置される開閉器である．設備容量300 kV・A以下のPF－S形の場合には，主遮断器として使われることもある．開閉時にアークが発生した場合の短絡防止のために，相間バリアが付いているものが望ましい．

⑨過電流継電器（OCR：Over Current Relay）

過負荷や短絡が発生したときに動作する継電器である．変流器（CT）からの電流が設定値を超えると，遮断器を動作させ遮断する．最小動作電流を定めるタップ，動作時間を決めるレバー，瞬時電流で動作する瞬時タップから構成されている．各設定値は，負荷電流や変圧器容量によって決定されるが，電力会社のOCRと過電流保護協調をとる必要がある．

⑩地絡方向継電器（DGR：Directional Ground Relay）

単なる地絡継電器（GR）では，外部波及事故やもらい事故が起きることがある．このDGRでは，地絡電圧と地絡電流の位相差を比較して，自構内での地絡事故のときだけ動作する．

⑪避雷器（LA：Lightning Arrester）

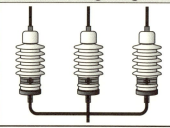

雷による異常電圧が侵入した場合に，その放電電流を大地に逃がし，高圧機器を守る機器である．以前は，ギャップをもった弁抵抗型避雷器であったが，近年では，酸化亜鉛（ZnO）素子を採用したギャップレス避雷器が主流となっている．

⑫高圧カットアウト（PC：Primary Cutout）

主として，300 kV・A以下の変圧器や50 kvar以下の高圧コンデンサの電源側に設置され，過負荷保護のために取り付けられる機器である．PC内に使用するヒューズには，変圧器にはテンションヒューズ，高圧コンデンサには限流ヒューズが使用される．300 kV・Aを超える変圧器，50 kvarを超える高圧コンデンサには，LBSが使用される．

⑬変圧器（T［本文ではTrとする］：Transformer）

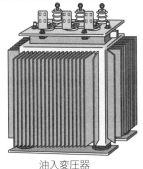
油入変圧器

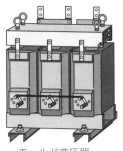
モールド変圧器

　高圧を低圧に変成する機器であり，油入変圧器とモールド変圧器がある．近年は，省エネタイプのトップランナー変圧器や高効率変圧器が登場し，効率が向上している．

⑭高圧コンデンサ（SC：Static Capacitor）

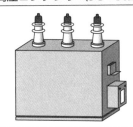

　一般的な需要家の負荷は，遅れ力率の負荷が多く使用されているため，この力率を100 %に近づける目的で設置される機器である．需要家の力率を改善することにより，電力会社の変圧器の利用率が向上するため，需要家は，力率に応じた基本料金割引制度を受けることができる．

⑮直列リアクトル（SR：Series Reactor）

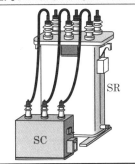

　高圧コンデンサに直列に接続される機器である．近年，半導体を使用した電子機器の導入により，高調波による高圧コンデンサへの障害が発生している．このため，高圧コンデンサへの高調波抑制に直列リアクトルが設置される．通常，第5調波対策として6 %リアクトルが多いが，第3調波が多く含まれる場合は，13 %リアクトルを採用する．

⑯ 放電コイル（DC：Discharge Coil）

高圧コンデンサ回路は，電流がゼロで遮断されるため，端子電圧が高い状態で充電されている．このときの残留電荷を速やかに放電させるために，放電コイルをコンデンサと並列に接続する．放電コイルは，残留電荷を5秒以内に50 V以下に下げるよう規定されている．

⑰ 真空電磁接触器（VMC：Vacuum Magnetic Contactor）

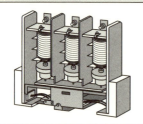

高圧回路の電流を頻繁に開閉する目的で使用される．使用例として，力率改善に使われる高圧コンデンサを自動力率制御器によってON・OFF制御する場合，コンデンサの一次側に設置される．電流の開閉を高真空中で行うため，開極時の絶縁回復性に優れている．

○ 無停電電源装置（UPS：Uninterruptible Power Supply）

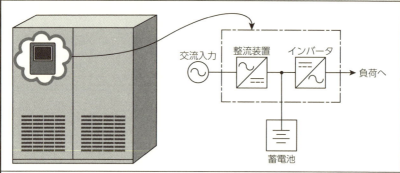

交流入力電源に異常があった場合，無瞬断で電力を連続して供給する電源装置である．整流装置，インバータ，蓄電池で構成される．データセンタなどのバックアップ電源として不可欠な装置である．

第1章
基礎強化・応用発展 編

1 運転中のモールド変圧器に触れることなかれ！

「先輩．モールド変圧器には，「危険！感電の恐れあり」という注意事項が貼られていますが，危険ならばなぜ感電しないように保護できないのですか．油入変圧器はそんなことはないようですけど」

「そうね．それがモールド変圧器と油入変圧器との大きな違いだね．油入変圧器はコイルと外箱との間に，絶縁油が入っていて，外箱の電位はゼロになっている．油の高い絶縁性能によって，外箱は基本的に安全となっているのよ．万が一外箱が充電されることがあっても，外箱にはA種接地工事が施されているから，安全だよ」

「モールド変圧器は，油入変圧器の欠点である，火災事故の回避や重量の軽量化を目指して，開発されたものなのよ．油入変圧器が油の絶縁であるのに対し，モールド変圧器は，その絶縁を空気に頼っているわけよ．したがって，運転中のモールド変圧器のコイル表面は，樹脂層が帯電していて，巻線導体とほぼ同じ電位になっているよ．だから，人が触れると感電するおそれがあるの」

「モールド樹脂層表面の電位 V_1 は，概略次式で求められるよ．

$$V_1 = V_0 \times \frac{C_1}{C_1 + C_2}$$

V_0：巻線導体電位
C_1：巻線導体とモールド樹脂層表面の等価静電容量
C_2：モールド樹脂層表面と大地間の等価静電容量

一般的にモールド樹脂の誘電率は空気に比べて大きく，樹脂の厚さはモールド樹脂表面と大地間の距離に比べて小さいため，$C_1 \gg C_2$であるから，$V_1 \fallingdotseq V_0$ となる．ちなみに，6 kV級モールド変圧器では，V_1 は約3 800 Vを超える高い電圧となっているのよ（**第1図参照**）」

「モールド変圧器は近年多く導入されているから，万能かと思っていたけど，弱点もあるのだな」と，新人は感じたのである．

1 変圧器に関する知恵

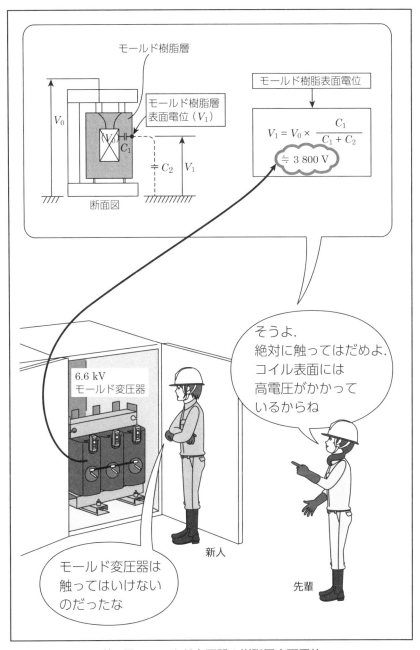

第1図 モールド変圧器の樹脂層表面電位

第1章　基礎強化・応用発展 編

2 実際の変圧器は，理想変圧器とは違うことを認識しておくべし！

「先輩．理想変圧器という言葉がありますが，どこが理想なのですか」

「理想変圧器は，次の5点の特徴をもつ変圧器のことよ．①鉄心の磁気飽和がない．②巻線の抵抗はゼロである．③鉄損・銅損はゼロである．④漏れ磁束はない．⑤励磁電流は無限に小さい．しかし，このように理想的な変圧器は，現実には存在しないのよ」

「理想変圧器は，**第2図**のように実際の変圧器の中に内包されると考えればいいよ．等価回路は，サセプタンス b_0 と理想変圧器から構成されているわ（⑤から I_0 は無限に小さい）．理想変圧器は，単に電流 I_1' を I_2 に，電圧 E_1 を E_2 に変換するものと考えられるわ．こういう条件設定をしているから，変圧比 (V_1/V_2) は巻数比に等しくなるのよ」

実際の変圧器では，次のようになる．

① 励磁電流と磁束は，完全な比例関係にはなく，磁気飽和現象がある．また，ヒステリシス損（鉄損）が発生する．

② 一次巻線，二次巻線ともに，漏れ磁束と抵抗分による銅損が存在する．

等価回路で①は，鉄損が励磁電流 I_0 の一部から生じるので，励磁回路のサセプタンス b_0 と並列に抵抗分 g_0 があるの．②は，漏れ磁束の分だけ電流が流れにくくなるので，直列にリアクタンスと抵抗を加えることになるよ．①②によって，$\dot{V}_1$ と $\dot{E}_1$，$\dot{E}_2$ と $\dot{V}_2$ の間には電圧降下および位相変化がある．よって，正確には変圧比は巻数比に等しくはならないのよ」

「電験の問題を注意深くみていくと，『一次巻線抵抗，二次巻線抵抗，漏れリアクタンスや鉄損を無視した磁気飽和のない変圧器』という注釈がしている場合があるでしょ．これは，変圧比は巻数比に等しいと扱ってよいということを意味しているのよ．簡便な計算ができるようにしているわけなの」「そういうことだったのですね」

1 変圧器に関する知恵

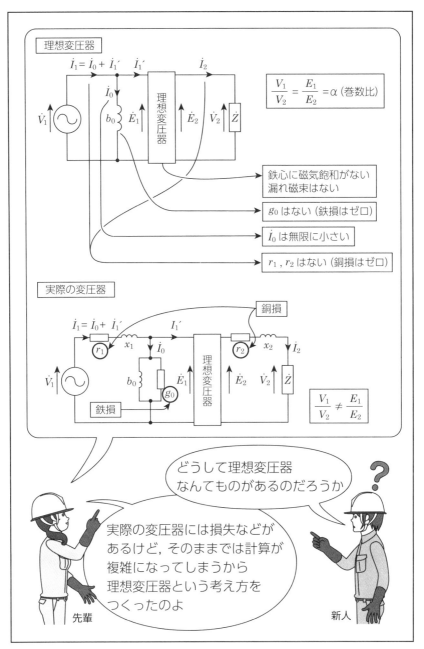

第2図 実際の変圧器と理想変圧器

3 アモルファス変圧器が省エネになるわけとは……

「先輩．アモルファス変圧器は省エネ変圧器だといわれていますが，どうしてですか」「では，鉄心に使われているアモルファス合金の性質から説明するね．アモルファス合金は，**第3図**のように固体を形成している原子の配列に規則性がない非結晶素材なの．鉄，けい素，ボロンを原材料とした合金を急速に冷却して，固形過程における再結晶化を阻止することで，非結晶構造を形成しているのよ」

「変圧器の無負荷損（W）は，①式のように，渦電流損（W_e）とヒステリシス損（W_h）の和だね．

$$W = W_e + W_h \qquad ①$$

渦電流損は②式のように，磁性材料の板厚 t の2乗に比例して，抵抗率に反比例するよ．

$$W_e = k_e \frac{(fBt)^2}{\rho} \qquad ②$$

k_e：定数，f：周波数
B：磁束密度，ρ：抵抗率

アモルファス合金は板厚が，けい素鋼板に比べて約1/10と非常に薄くて，抵抗率が約3倍であるため，渦電流損を低く抑えることができるのよ．次にヒステリシス損は③式のように，スタインメッツの実験式で表されるよ．磁性材料に磁束が通るとき，磁区が回転して磁束方向に向きをそろえるのに必要なエネルギーよ．磁区とは，ひとかたまりの磁石のことよ．

$$W_h = k_h fB^{1.6} \qquad ③ \qquad k_h：定数$$

アモルファス合金は非結晶構造だから，磁区が小さく磁化回転が容易なため，ヒステリシス損が小さくなるのよ．すなわち，アモルファス変圧器は無負荷損を，けい素鋼板の変圧器に比べて約1/5〜1/3に低減することができるの」「そんな優れた変圧器なのにどうして普及していないのですか」「大形になることと，コストが高いことがネックなの」「省エネにはなるけど，デメリットもあるのだな」

1 変圧器に関する知恵

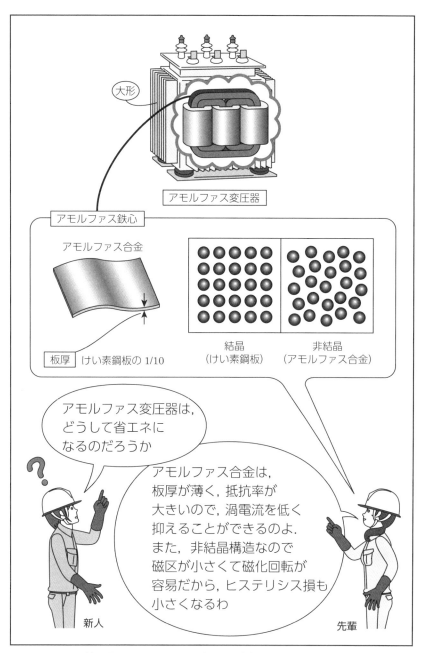

第3図 アモルファス変圧器が省エネになる理由

第1章 基礎強化・応用発展 編

4 比率差動継電器は，変圧器一次側・二次側の位相を合わせている

　新人が先輩と，特高設備の日常巡視点検をしていたときのことである．変圧器盤をみていたとき，比率差動継電器というものを発見したのである．「先輩，この継電器の役割と構造を教えてください」

　「そうね．この継電器はすこしむずかしいけど，特高変圧器の内部故障検出のためにあるのよ．特高変圧器の信頼性は高くて，故障頻度はきわめて小さいのだけど，いったん故障が発生した場合には，長期の電力供給停止はもちろん，火災など周囲環境に与える影響は大きいわ．だから，そのような場合には，確実に高感度で検出する必要があるのよ」

　「この継電器は，変圧器の内部で故障が発生した場合，一次電流と二次電流に差が生じるけど，その差電流を検出して，その値が規定値以上になったときに動作するのよ」

　「一般に使用される変圧器は，一端を接地するためにY結線とした△-Y結線変圧器を使用する場合が多いわ．この場合，一次・二次間の電流位相角は30°ずれているために，変流器の二次回路の接続は，△側はY結線に，Y側は△結線として，同相にする必要があるのよ．このような接続にすることにより，平常時または外部事故時ともに，大きさと位相の等しい電流が変流器間を循環することになり，継電器は動作することはないよ．また平常時，三相変圧器の一次側と二次側の変流器（CT）の二次電流は等しくならない場合が多いの．比率差動継電器では，変圧器の変圧比に合わせて，CTの変流比を選択する必要があるけど，各CTの二次電流は必ずしも対応していないため，補償変流器（CCT）を挿入して，CT二次電流が等しくなるようにしているのよ（第4図参照）」

　新人は，「特高設備に使われている継電器には，高圧とは違うしくみがあるんだな」と聞き入っていたのである．

1 変圧器に関する知恵

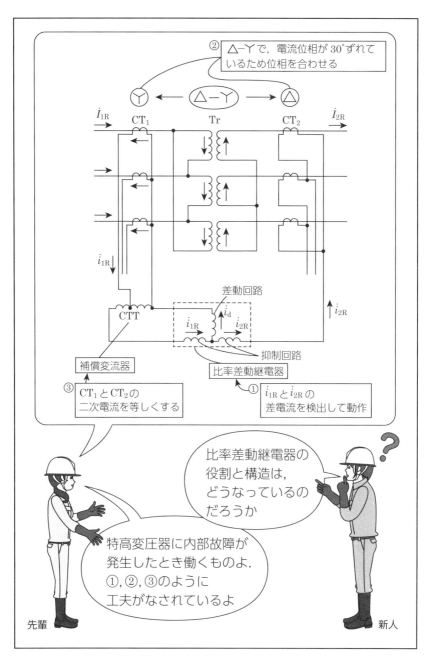

第4図 比率差動継電器の役割と構造

5 特高変圧器の内部故障検出には，機械的継電器も採用している

「先輩．特高変圧器の電気的保護については，比率差動継電器の仕組みを教えていただきましたが，機械的保護もあるようですね」

「あるよ．一つはブッフホルツ継電器（BHR）よ．BHRは，**第5図**に示すような構造になっていて，変圧器の本体とコンサベータとの間に取り付けられている．変圧器の内部故障時に発生するガスや急激な油流の変化の両方を検出するものよ」

「すなわち，軽微な故障でBHRの上部にガスがたまって，浮子Aが下がって接点を閉じる．急激な故障では，油流によって浮子Bが押し下げられて接点を閉じるシステムとなっている．また，たまったガスの色・臭いによって故障箇所の推定が可能な場合もあるわ」

「二つ目は，衝撃油圧継電器よ．重故障時のタンク内油圧の急激な上昇を検出するものよ．本体タンクの側壁に取り付けられている．構造は図のように，上下二つの密封室に分かれていて，上部はガス空間に接点が収納されているの．下部はベロー構造で，シリコーン油が充填されているの．通常運転時の緩慢な圧力変化では，フロート部の細孔（オリフィス）を通して，シリコーン油が上部室との間を移動しているため動作しないのよ．内部故障時の急激な圧力上昇があった場合は，ベローが急激に圧縮されて，シリコーン油がフロートを持ち上げることになるので，接点が閉じるのよ」

「衝撃油圧継電器の特徴は，ブッフホルツ継電器に比べて，振動に強いことなの」

「このような機械的継電器は，電気的な比率差動継電器と併用されることが多いのよ．機械的継電器は地震の際，誤動作するおそれもあるから注意が必要なの」

「機械的継電器は，電気的継電器と違って物理的な接点をもっているのだな」と，新人は，その構造を理解したのである．

1 変圧器に関する知恵

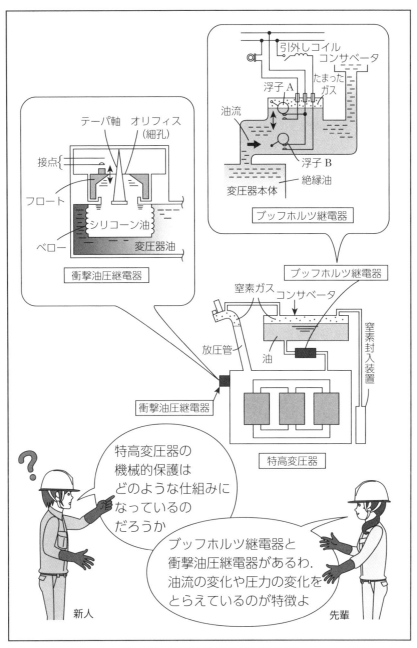

第5図 特高変圧器の機械的保護

第1章　基礎強化・応用発展 編

6
変圧器の並行運転では，極性・巻数比が異なると循環電流が流れる！

「先輩．変圧器の並行運転で，循環電流が流れることがあると聞いたのですが，どんなときなのですか」

「変圧器の並行運転の条件は五つあるのだけど，循環電流にかかわるのは，そのうち二つだよ．極性と巻数比だよ．一つは各変圧器の極性が一致していること．二つ目は各変圧器の巻数比が等しく，一次および二次の定格電圧が等しいこと，という条件に反している場合よ」

「まず，極性については，**第6図**のように減極性と加極性がある．極性が相違している場合だけど，極性（減極性と加極性）の異なる変圧器を並列接続すると二次側では，電圧 $(E_{2a} + E_{2b})$ [V] が変圧器巻線に加わることになる．巻線のインピーダンスは非常に小さいから，大きな循環電流が流れて，変圧器を焼損することになるのよ．ただし，日本の場合は，加極性はほとんど製作されていない．ほぼ減極性だから，この極性の相違が問題になることはまずないのだけど，知識として学習しておくことは大切だと思うよ」

「一方，並行運転する変圧器の巻数比が異なる場合は，二次誘導起電力に差異が出てくる．図において，$E_{2a} > E_{2b}$ とすると，電圧差は $(E_{2a} - E_{2b})$ [V] であり，この電圧が巻線に加わって循環電流が流れることになる．これによって，変圧器が過熱するおそれがあるから注意が必要よ」

「最初から並行運転を前提として設置する場合は，同じ仕様の変圧器を使うから問題はないけど，現場で仮設の応急的な対応をする場合など，あり合わせの変圧器を使う場合にかぎられると思うけどね」

「循環電流が流れる場合というのは，特殊な条件のときなのか．しかし，現場でそういう状況に直面する場合もありうるわけだから，その現象をよく理解しておかなければならないな」と，新人は思ったのである．

1 変圧器に関する知恵

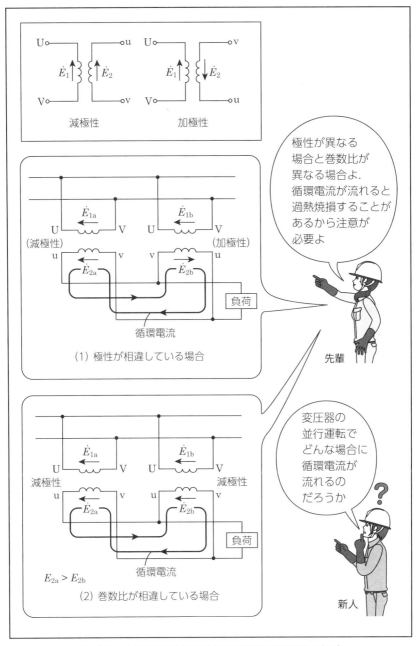

第6図 変圧器の並行運転で循環電流が流れる場合

7 ネットワーク変圧器の温度が，昨夏よりだいぶ低いが……

　新人が，先輩とスポットネットワーク設備（22 kV 3回線）の日常巡視点検をしていたとき気づいたことである．「先輩．ネットワーク変圧器の温度が昨年の夏より低くなっていますね．昨年は40 ℃〜42 ℃あったのに，今年は36 ℃〜37 ℃くらいしかないです．今年の夏も昨年と変わらず暑いですが．何か原因があるのでしょうか」

　「たしかにそうね．変圧器の温度は，周囲温度にも影響されるけど，それより大きい問題は，かかっている負荷だね．負荷が大きいとそれだけ発熱量が増えるから当然，変圧器温度は高くなり，逆の場合は低くなるわ．だから，この1年間の負荷の変化を調べてみるとわかると思うよ」

　「データによれば，UPSの稼動率が昨年より減少しています」

　「それよ．その負荷の減少で変圧器の負担が軽くなったから，温度が下がったのよ．この場合は下がったからいいけど，高くなった場合は気をつけなければいけないよ．このネットワーク変圧器は，モールド変圧器だから，あまり熱には強くないからね．油入変圧器は過負荷耐量が大きいけどね．絶縁油の優れた冷却性能や放熱フィンが付いていることが，モールド変圧器との違いだね」

　「JEC-6147電気絶縁システムの耐熱クラスでは，**第7図**のように9段階に分かれているよ．現在では一概に，温度クラスでは規定されなくなったけど，目安にはなるわ．この変圧器は耐熱クラス155（F）よ．定格負荷で運転したとき許容できる最高温度が155 ℃未満なので問題ないわ．だけど余裕をもって使うほうが望ましいね．こんなことがあるから日常巡視点検では，変圧器の電流と温度を記録しておくわけよ．負荷の状態，いわゆる需要率を把握しておくことが大切なのよ」

　新人は，日ごろの巡視点検も役立つのだな，ということに気づいたのである．

1 変圧器に関する知恵

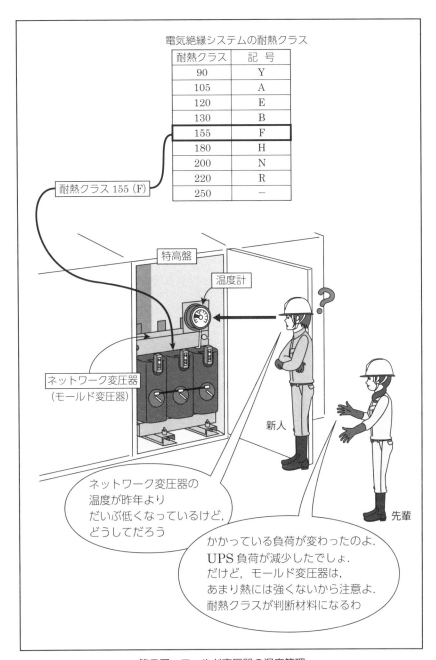

第7図　モールド変圧器の温度管理

8 モールド変圧器は，設置条件次第で屋外でも使用できるが……

　新人は，日常巡視点検でモールド変圧器をみながら考えた．最近，モールド変圧器が油入変圧器より多いけど，果たして屋外でも使用できるのだろうか．こんな疑問を抱いた新人は，先輩に質問した．

　「モールド変圧器は，その構造から基本的には屋内使用だが，全く屋外で使用できないわけではないよ．ただ，屋外の変電所をみると，鉄箱に覆われた油入変圧器ばかりだね．油入変圧器は，その構造から雨ざらしでも耐えられる．しかし，モールド変圧器のコイルはむき出し同然だから，雨ざらしというわけにはいかないよね」

　「そうですね．そんな気がしました」

　「モールド変圧器は，JIS C 4306で次のように規定されている．まず使用条件だが，標高が1 000 m以下，周囲温度が−5 ℃〜40 ℃となっている．適用範囲としては，モールド変圧器は，一般に屋内を原則としているから，周囲温度の最低を−5 ℃として，特殊場所には使用できないこととしている．たとえば，塵埃などによる汚損がはなはだしい場所，湿気・水分が多い場所，有毒ガスが発生する場所，異常な振動や衝撃を受ける場所などでは使用できないことになっているのだ」

　「モールド変圧器は，全くの屋外ではなく，屋外の盤の中に納めて，その環境が適正であれば使用できないわけではないことになる」

　「それはどんな環境ですか」

　「変圧器を納める盤が，扉・床面の隙間や換気口からの雨水の浸入防止対策，結露対策として，スペースヒータの設置などがなされている場合だ．つまり，適切な対策をすれば，屋外盤に収納することは可能ではあるが，私としてはやはり，屋外使用はその絶縁性能上から望ましくないと思うよ」

　新人は，モールド変圧器の弱点について，理解したのである（第8図参照）．

1 変圧器に関する知恵

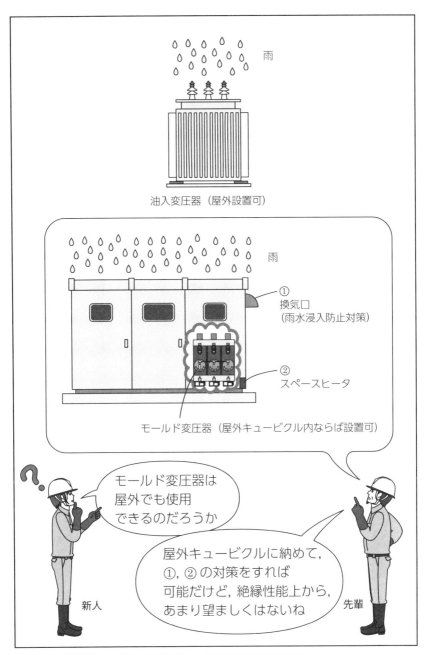

第8図 モールド変圧器の屋外設置

9

単相変圧器は，負荷バランスに注意しなければならない！

　先輩から，単相3線負荷について話があった．「これは，私が某施設の主任技術者に就いて間もない頃のことだ．日常巡視点検で，ある単相変圧器の電流計をRSTの順に記録していたときのことだ．R相の電流が非常に大きくて，定格電流ぎりぎり一杯であることがわかった．それに対して，T相の電流はそれほどでもない．つまり，単相3線負荷のバランスが悪いことがわかったのだ」

　「その変圧器に接続されている各分電盤へ行き，各相の電流をクランプメータで計測した．R相のなかで大きな負荷は，T相へ入換えをしたのだ．そして再び，各相の電流を計測して，ほぼバランスがとれたかどうか確認したんだ．そして，変圧器のR相・T相の電流を計測すると，定格電流の範囲内で，ほどよいバランスになったわけだ」

　「当初は，各相のバランスを考慮して設計されているが，年月が経過し変圧器の利用形態が変化して，R相とT相のバランスが崩れてくる場合もある．増設工事を行う場合は，負荷バランスに注意しなければならないよ」

　「ちなみに，設備不平衡率という考え方がある．中性線と各電圧側電線間に接続される負荷設備容量[V・A]の差と総負荷設備容量[V・A]の平均値の比[%]で表される．式で表すと，次のようになるよ．

$$設備不平衡率 = \frac{中性線と各電圧側電線間に接続される負荷設備容量の差}{総負荷設備容量の1/2} \times 100 \, [\%]$$

　各相の負荷配分をバランスさせることができないような場合については，内線規程によれば，設備不平衡率を40%以下とすることができる（**第9図参照**）」

　「うーん．日常巡視点検では，こんな視点からも厳しい眼で観察しなければならないのだな」と，新人は感じたのである．

1 変圧器に関する知恵

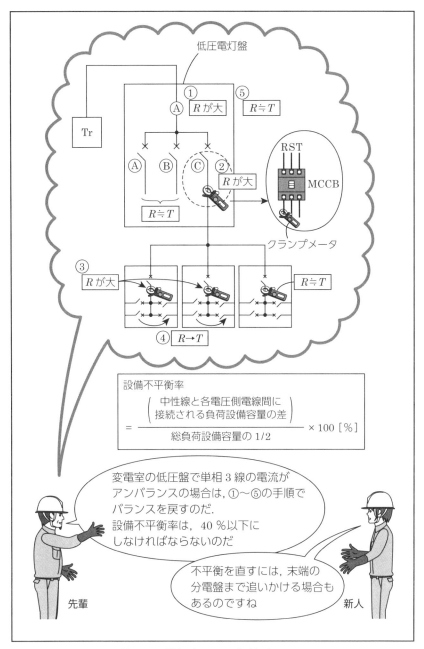

第9図 単相変圧器の負荷バランス

第1章 基礎強化・応用発展 編

10 変圧器鉄心（けい素鋼板）は，うなり音出すも損失減ず！

「先輩．変圧器は，どうしてあんなうなり音を出しているのですか」

「それは，主に変圧器鉄心の磁気ひずみによるものよ．変圧器のうなり音の原因は，鉄心と巻線にあるのよ．油入変圧器では，これらの大部分が絶縁油を経てタンクに伝わり，タンク壁から気中に音波として放散しているのよ．モールド変圧器の場合は，直接空気中に音波となって放散しているわ」

「うなり音のうち鉄心に起因するものには，けい素鋼板の磁気ひずみによる振動があって，巻線の振動は電磁機械力によるものよ．これらのなかで，磁気ひずみによるものが主な音源とみていいよ」

「磁気ひずみとは，鉄板を磁束が通ると，鉄板が磁束の通る方向に伸びる現象よ．交流磁束を加えた場合，この伸びは時間的に変化するので，機械的な振動を発生するのよ」

「磁気ひずみが原因なのか．でもそんな騒音の出る鉄板をなぜ使っているのだろうか」

「それは，けい素鋼板を使うと，鉄損を低減することができるからよ．鉄損にはヒステリシス損と渦電流損があるわ．鉄心材料にけい素鋼板を用いると，透磁率μが大きくなってヒステリシス損が減少するのよ」

「一方，鉄心に発生する渦電流損を低減するために，**第10図**のように薄いけい素鋼板を積層した成層鉄心が使われるよ．成層鉄心では，鋼板相互は電気的絶縁が施されていて，渦電流は，それぞれの鋼板に発生するのよ．つまり，渦電流の通路が長くなったことになって，抵抗値が大きくなるので，渦電流損が減少するわけなの．渦電流損は鉄心の厚さの2乗に比例し，抵抗率に反比例するのよ」

「鉄心に使われるけい素鋼板は，うなり音を出すけど，鉄損軽減に役立っているのか．電気材料にも長所と短所があるものだな」と，新人は理解したのである．

1 変圧器に関する知恵

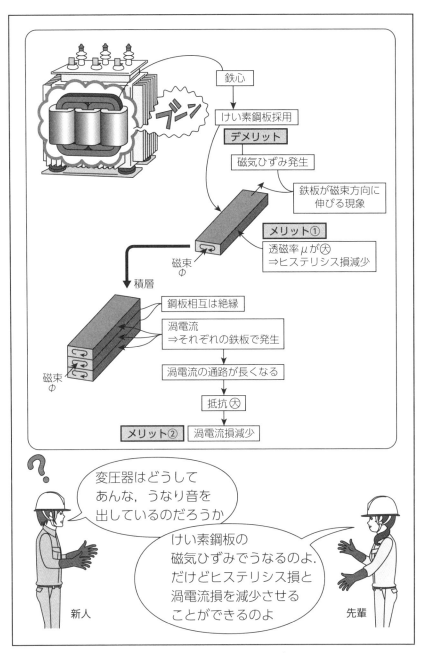

第10図 けい素鋼板のメリット・デメリット

11
モールド変圧器の温度計測には工夫を凝らしている！

「先輩．日常巡視点検で変圧器の温度を読み取っていますが，モールド変圧器の場合，温度計の先に細い金属の管がありますが，その先はどこへいっているのですか」

「まず，モールド変圧器の温度管理の目的だが，コイルに使用している，エポキシ樹脂などの絶縁材料の温度が許容温度を超えないように監視しているのだ」

「温度計測は，変圧器用としては，機械式のダイヤル温度計が一般的に使われているよ．細い管は，つると呼ばれている．感温部に密封された液体が，温度変化によって膨張・収縮するわけだが，この内圧変動をブルドン管を介して回転運動に変えて，温度表示させているのだ．現場でみたとおり，感温部は高圧の液体を密封するために金属管でできているよ．ここが重要なのだが，内蔵されている警報接点回路との絶縁協調の関係で，感温部はアース電位としなければならないのだ」

「モールド変圧器コイルの絶縁は，コイルを覆っているエポキシ樹脂絶縁層と空気ギャップによって保たれているよ．ダイヤル温度計の感温部は，アース電位であるため，測定対象であるコイル絶縁層との間に空気のギャップをとって設置する必要があるのだ」

「アース電位の感温部をコイルに接触させることはできないから，現実に測定できるのは，コイル近傍の空気温度ということになる．コイル絶縁層の温度とコイル近傍の空気温度との間には，温度差がある．正確にはコイル絶縁層の温度ではないが，この空気温度を管理することで，コイル絶縁層の温度が，許容温度を超えないように管理するしかないのである．油入変圧器の場合は，コイルを絶縁している絶縁油の温度を計測すればいいので，簡単なのだが……（第11図参照）」

新人は，モールド変圧器は空気絶縁ゆえに温度計測がむずかしいことを悟ったのである．

1 変圧器に関する知恵

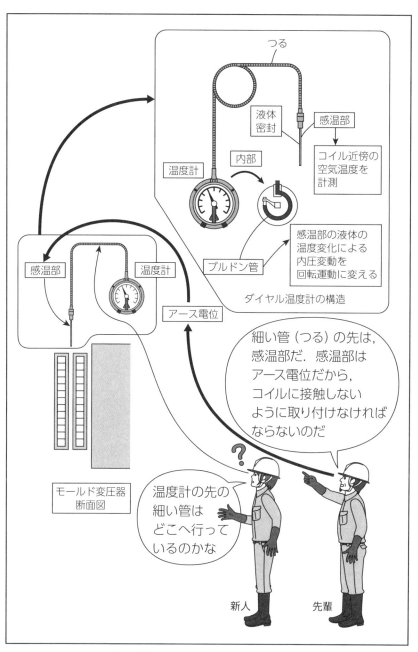

第11図 モールド変圧器の温度計測

第1章　基礎強化・応用発展 編

12

変圧器の励磁電流は，第3調波を含んだひずみ波でなければならない！

「先輩．三相変圧器には△結線とY結線がありますね．Y結線は中性点の接地に使われるのでわかるのですが，△結線にはなにか意味があるのですか」新人は，日ごろ三相変圧器をみていて気づいたので質問した．

「それには深い理由があるのよ．ちょっとむずかしいけど，変圧器の励磁電流には第3調波が含まれることに関係しているの．変圧器の鉄心の磁化特性は第12図のようになっていて，非直線性を示すのよ．これをヒステリシス特性というの．このヒステリシスがあるため，正弦波の磁束をつくり出す励磁電流は，奇数高調波を含んだひずみ波電流となるの」

「励磁電流は，奇数高調波のうちでも，第3調波の比率が高いの．正弦波の電圧を誘起するためには，磁束が正弦波となる必要があるので，第3調波を含んだ励磁電流が必要になるのよ」

「もし，励磁電流が正弦波であった場合は，逆に磁束が第3調波を含んで，ひずむことになるの．この磁束によって誘導起電力は，第3調波を含むひずみ波となって，変圧器が正しく動作せず，巻線内に異常電圧が発生して問題となるのよ．このことを踏まえて解説するよ．変圧器の三相結線がY-Y結線として，中性点を非接地とした場合，励磁電流の第3調波成分は，同位相で中性点に向かうことになるの．中性点は非接地のため，中性点ではキルヒホッフの法則によって電流が流れない．すなわち，第3調波成分は流れないことになるのよ．このため，変圧器の励磁磁束に第3調波を含むために，誘導起電力に第3調波成分が現れることになって，困ったことになるのよ．つまり，この第3調波を流すために工夫したのが，△結線なのよ」

「うーん．むずかしいな．まだよくわからないよ」新人は，首をひねったのである．

1　変圧器に関する知恵

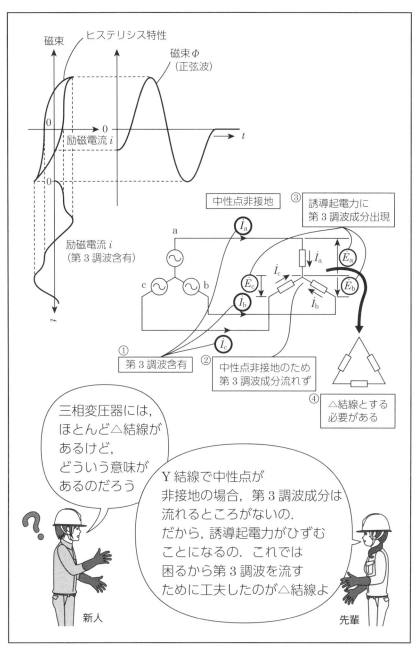

第12図　第3調波を含む励磁電流の影響（Y結線の場合）

13

関西(60 Hz)の変圧器を関東(50 Hz)で運転すると,鉄損・騒音が増大する!

「先輩,日本の電気機器には50 Hzと60 Hzのものがありますが,もし間違って,関西向け60 Hzの変圧器を50 Hzの関東で運転するとどうなるのですか」「それは電験の応用だね.数式で説明すると,次のようになるよ.周波数をf [Hz],一次巻線の巻数をN_1,最大磁束をΦ_m [Wb]とすると,一次巻線の誘導起電力E_1 [V]は

$$E_1 = \sqrt{2}\pi f N_1 \Phi_\mathrm{m}, \quad \Phi_\mathrm{m} = E_1/\sqrt{2}\pi f N_1$$

60 Hzの変圧器の最大磁束を$\Phi_\mathrm{m\_60}$,50 Hzで使用するときの最大磁束を$\Phi_\mathrm{m\_50}$とすると,

$$\Phi_\mathrm{m\_60} = E_1/60\sqrt{2}\pi N_1, \quad \Phi_\mathrm{m\_50} = E_1/50\sqrt{2}\pi N_1$$
$$\Phi_\mathrm{m\_50}/\Phi_\mathrm{m\_60} = 60/50 = 1.2$$

よって,50 Hzで使用すると,最大磁束は60 Hzの1.2倍となるから,鉄心が飽和して励磁電流が増加する.鉄損電流も増加するので,鉄損も騒音も増大することになる」

「銅損については,一次,二次電流をI_1 [A],I_2 [A],一次,二次抵抗を,R_1 [Ω],R_2 [Ω]とすると,1相分の銅損W_c [W]は

$$W_\mathrm{c} = I_1^2 R_1 + I_2^2 R_2$$

となって,周波数の影響は受けない」

「次に60 Hzと50 Hzの%インピーダンスをZ_{60} [%],Z_{50} [%],%抵抗をp [%],%リアクタンスをq_{60} [%],q_{50} [%]とすると,

$$Z_{60} = \sqrt{p^2 + q_{60}^2}, \quad Z_{50} = \sqrt{p^2 + q_{50}^2}$$

抵抗は周波数の影響は受けないけど,リアクタンスは周波数に比例するから,$q_{50} = q_{60} \times 50/60 \fallingdotseq 0.83 q_{60}$

$$Z_{50} = \sqrt{p^2 + (0.83 q_{60})^2}, \quad \therefore\ Z_{50} < Z_{60}$$

%インピーダンスが小さくなるから,電圧変動率も小さくなるよ(**第13図参照**)」「数式を使えば,現象がどのように変化するかがわかるのだな」と,新人は思ったのである.

1 変圧器に関する知恵

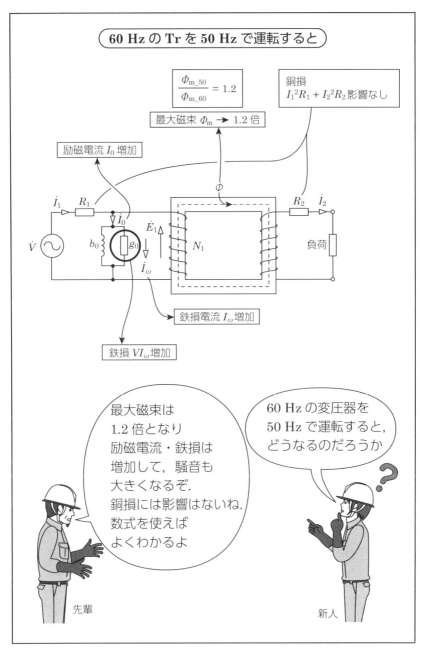

第13図 変圧器を異周波数で運転した場合

第1章　基礎強化・応用発展 編

14

三相変圧器の励磁電流の第3調波成分は，△結線内を循環する！

　新人は，テーマ12の説明ではまだ理解できなかったので，引き続き先輩の解説を聴いた．「では，第3調波のことをもっと詳しく説明するよ．三相交流の基本波は，各相に120°の位相差があるから，各相の電流 I_a，I_b，I_c は I_m を最大値とすると次のようになるね．

$I_a = I_m \sin \omega t$
$I_b = I_m \sin(\omega t - 2\pi/3)$
$I_c = I_m \sin(\omega t - 4\pi/3)$

電流の和は，

$I_a + I_b + I_c = I_m \sin \omega t + I_m \sin(\omega t - 2\pi/3)$
$\qquad + I_m \sin(\omega t - 4\pi/3) = 0$

となり，Y結線内を流すことは可能である．第3調波電流は

$I_{a3} = I_m \sin 3\omega t$
$I_{b3} = I_m \sin 3(\omega t - 2\pi/3) = I_m \sin 3\omega t$
$I_{c3} = I_m \sin 3(\omega t - 4\pi/3) = I_m \sin 3\omega t$

となり同位相である．電流の和は，

$I_{a3} + I_{b3} + I_{c3} = 3I_m \sin 3\omega t$

となり，0にはならないわ．$3I_m \sin 3\omega t$ が残るけど，**第14図**のように非接地のY結線では，この電流を流す回路がないので流れ得ないというわけなの．Y-Y結線で中性点を接地すれば，第3調波を流すことができるけど，この電流で，近くの通信線に誘導障害を起こすことになるの．変圧器がY-△結線であれば，二次側が△結線であるから，二次巻線が循環回路となるため，第3調波成分を巻線内に流すことができるの．第3調波成分は各相とも同位相なので，△結線内を循環して流れ，線電流には現れない．誘導起電力は正弦波となり，第3調波の起電力を発生することはないから，通信線への誘導障害を起こすことはないのよ．」新人の抱いた疑問は解けかかったのである．

1 変圧器に関する知恵

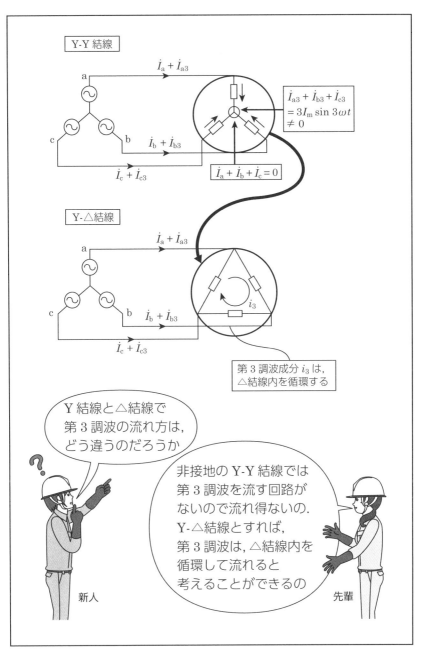

第14図　励磁電流の第3調波は△結線内を循環する

第1章 基礎強化・応用発展 編

15 三相変圧器の励磁電流第3調波成分が △結線内を循環するからくりとは

「先輩．三相変圧器の励磁電流第3調波成分は，△結線のなかを循環するということが，いま一つわかりにくいのですが……」「それでは，テーマ14について，そのからくりを数式を使って説明するよ．励磁電流 i_1, i_2, i_3 は，第3調波を含んだ次式で表される．

$i_1 = I_{m1} \sin \omega t + I_{m3} \sin 3\omega t$

$i_2 = I_{m1} \sin(\omega t - 2\pi/3) + I_{m3} \sin 3(\omega t - 2\pi/3)$
$ = I_{m1} \sin(\omega t - 2\pi/3) + I_{m3} \sin 3\omega t$

$i_3 = I_{m1} \sin(\omega t - 4\pi/3) + I_{m3} \sin 3(\omega t - 4\pi/3)$
$ = I_{m1} \sin(\omega t - 4\pi/3) + I_{m3} \sin 3\omega t$

第15図で第3調波は，△結線内を循環していると考えられるので，相電流 I_{ab}, I_{bc}, I_{ca} は，同様に以下のように表される．

$I_{ab} = I_{m1} \sin \omega t + I_{m3} \sin 3\omega t$ ①

$I_{bc} = I_{m1} \sin(\omega t - 2\pi/3) + I_{m3} \sin 3\omega t$ ②

$I_{ca} = I_{m1} \sin(\omega t - 4\pi/3) + I_{m3} \sin 3\omega t$ ③

①②③より，線電流 I_a, I_b, I_c は

$I_a = I_{ab} - I_{ca}$
$ = I_{m1} \sin \omega t - I_{m1} \sin(\omega t - 4\pi/3)$ ④

$I_b = I_{bc} - I_{ab}$
$ = I_{m1} \sin(\omega t - 2\pi/3) - I_{m1} \sin \omega t$ ⑤

$I_c = I_{ca} - I_{bc}$
$ = I_{m1} \sin(\omega t - 4\pi/3) - I_{m1} \sin(\omega t - 2\pi/3)$ ⑥

④⑤⑥より，線電流 I_a, I_b, I_c の第3調波成分は消滅しているでしょ．第3調波は線電流としては流れないことになるの．△結線のなかだけを循環して流れていると解釈できるのよ．第3調波成分は同位相で同振幅だから，△結線のなかを連続して流れると考えていいのよ」新人は，やっと納得したのである．

1 変圧器に関する知恵

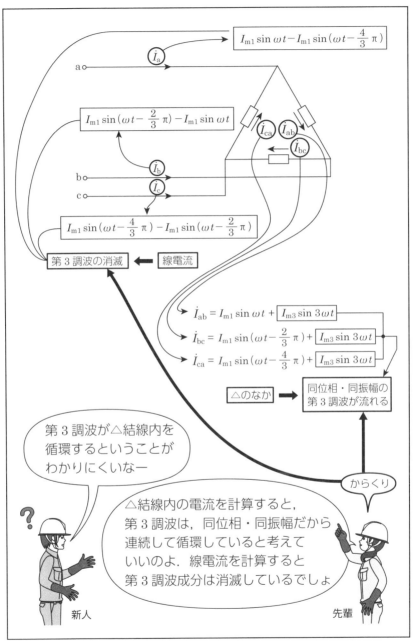

第15図 励磁電流（第3調波成分）が△結線内を循環するからくり

第1章　基礎強化・応用発展 編

16 変圧器の励磁突入電流の発する「うなり音」が大きいわけとは？

　定期保安検査が終了して復電の際，先輩が変圧器用遮断器の操作レバーをONにしたときの大きなうなり音について，新人は疑問に感じたので質問した．初めての体験だったので，驚いたからである．

　「先輩，変圧器を投入したとき，普通のうなり音より大きな音がするのはなぜですか．そうね．これはちょっとむずかしいけど，わかる範囲で聞いておいてね．まず，変圧器が無励磁の状態で電圧を急激に加えると，変圧器には逆起電力が発生していないので，鉄心の磁束は一時的に飽和してしまうのよ．リアクタンス分がゼロになって，変圧器の一次側が短絡されたのと同じ状態になって，過大な電流が流れるからなのよ．これを励磁突入電流というのよ．大きなうなり音は，この励磁突入電流が流れるために起きるのよ」

　「励磁突入電流の波高値は，定格負荷電流の数倍から10数倍に達することもあるのよ．電源投入直後のひずんだ磁束は，時間とともに徐々に定常状態に戻って，それとともに突入電流も減衰して，励磁電流の定常値に落ち着くわ．一般的に，励磁突入電流の継続時間は，変圧器容量が大きいほど長くなって，5～10秒に達するものもあるよ．また，この励磁突入電流は，ひずみ波であって，第2調波が多く含まれているよ」

　「特高変圧器の場合，励磁電流は比率差動継電器の差電流となり動作コイルを流れるけど，常時は小さな値だから問題にはならない．しかし，励磁突入電流が大きいと，比率差動継電器が誤動作して，遮断器がトリップすることもあるので注意が必要よ」

　「この説明はむずかしかったかな．電気管理をしていると，いろいろな現象に遭遇することがあるけど，徐々に勉強していくことだね」

　「なるほど，地道な勉強と経験が大切なのか……」と，新人はうなずいたのである（第16図参照）．

1 変圧器に関する知恵

第16図 変圧器の励磁突入電流によるうなり音

17

変圧器並列運転は，台数制御により損失を減らすことができる！

　並列運転中の変圧器の運転台数を，負荷容量の変動に応じて台数制御すれば，損失を低減することができる．具体的には，同一容量でインピーダンスなど，特性の同じ単相変圧器を n 台運転する場合の全損失を求める．変圧器1台当たりの分担する負荷から，損失を求めて n 倍すればよい．

　変圧器1台の容量を Q_T，鉄損を W_i，全負荷銅損を W_C，負荷容量を Q_L とすると，1台当たりの分担する負荷は Q_L/n となる．

　1台当たりの負荷率を x とすると，$x = Q_L/nQ_T$

となり，1台当たりの損失を W_1 とすれば，$W_1 = W_i + x^2 W_C$

　n 台の損失を W_n とすると，$W_n = nW_1 = n(W_i + x^2 W_C)$　　①

　変圧器3台の場合，負荷と全損失は，**第17図**のような曲線となる．図の中のa点が1台と2台，b点が2台と3台の台数切換点である．台数 n 台と $(n-1)$ 台の台数切換点において，①式から全損失について次式が成り立つ．

$$n\left\{W_i + \left(\frac{Q_L}{nQ_T}\right)^2 W_C\right\} = (n-1)\left\{W_i + \left(\frac{Q_L}{(n-1)Q_T}\right)^2 W_C\right\}$$　②

損失比 $\alpha = W_C/W_i$ として，②式を整理すると，

$$\frac{Q_L{}^2}{nQ_T{}^2}W_C - \frac{Q_L{}^2}{(n-1)Q_T{}^2}W_C = -W_i$$

$$\therefore Q_L = \sqrt{n(n-1)/\alpha}\, Q_T$$

ここで，$\alpha = 3$ とすると，a点では，$n = 2$，$\alpha = 3$ であるから
$$Q_L = \sqrt{2/3}\, Q_T \fallingdotseq 0.82 Q_T$$

b点では，$n = 3$，$\alpha = 3$ であるから
$$Q_L = \sqrt{2}\, Q_T \fallingdotseq 1.41 Q_T$$

　このようにして，台数制御の転換点を求めることができる．負荷の0.82倍以上では2台，1.41倍以上では3台の運転がよいことになる．

1 変圧器に関する知恵

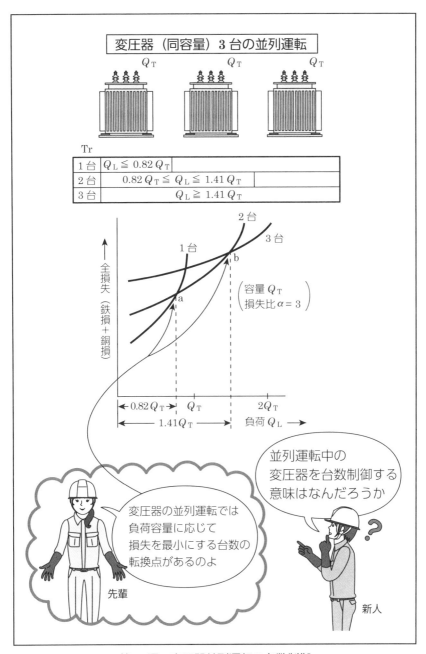

第17図　変圧器並列運転の台数制御

第1章 基礎強化・応用発展 編

18

三相変圧器の結線は，こういうわけで Y-△となっている！

　新人は三相変圧器の結線をみていて，疑問に思った．ほとんどの変圧器がY-△結線になっていたからだ．

　電気設備技術基準・解釈第24条（高圧又は特別高圧と低圧との混触による危険防止施設）によると，「高圧電路又は特別高圧電路と低圧電路を結合する変圧器には，B種接地工事を施すこと．その箇所としては，低圧側の中性点．低圧電路の使用電圧が300 V以下の場合において，接地工事を低圧側の中性点に施し難いときは，低圧側の1端子」となっている．

　この条文では，低圧側に中性点があることを前提としているので，新人は，△-Y結線になっていると思っていたのである．

　「先輩．なぜ，三相変圧器は△-Y結線でなくて，Y-△結線となっているのですか」

　「そうだな．まず，Y結線と△結線の特徴から説明しよう．Y結線は，各相巻線の相電圧は線間電圧の$1/\sqrt{3}$だから，絶縁距離は小さくてよい．相電流は線電流と等しいから，導体の断面積は大きいよ．△結線は，各相巻線の相電圧は線間電圧と等しいから，絶縁距離は大きい．相電流は線電流の$1/\sqrt{3}$だから，導体の断面積は小さいよ」

　「はい．ここまではわかりますが……」

　「また，変圧器は通常，一次側の電圧が高いから，一次巻線を△結線にすると，Y結線よりも相電圧が高くなって，絶縁物が多くなるので，大形になるんだ．よって，6 kV変圧器では，高圧はY結線を採用して小形化しているんだ．第3調波を循環させるために△結線が必要だから，低圧側は△結線としているんだ．こういうわけで，一般にY-△結線の変圧器が多いのだ」

　「なるほど．結線の組合せにも，いろいろ工夫がなされているのだな」と，新人はしみじみと感じ入ったのである（第18図参照）．

1 変圧器に関する知恵

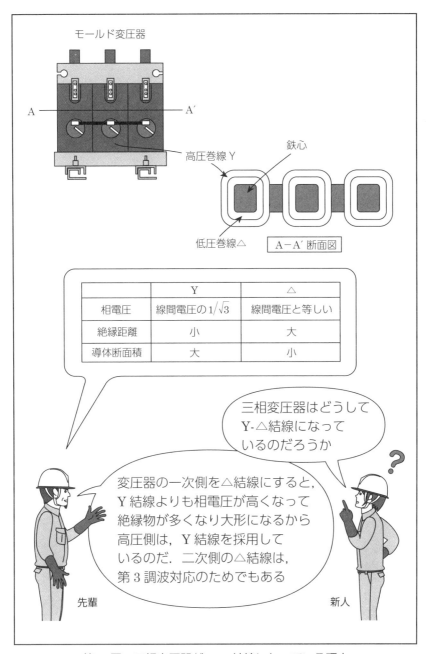

第18図 三相変圧器がY-△結線になっている理由

19

その変圧器は低圧側が400Vだから，混触防止板を取り付けている！

「先輩．この変圧器は，低圧側に接地が施されていないようですが，いいのですか」新人は質問した．「その変圧器の低圧側の電圧は何Vだね」「400Vです」「一次側と二次側の結線はどうなっている？」

「はい．Y-△結線です」

「低圧側が400Vの場合は，接地に工夫が必要なんだ．電気設備技術基準・解釈第24条によれば，B種接地の原則は低圧の中性点に施すのだが，低圧の使用電圧が300V以下の場合において，接地工事を低圧側の中性点に施し難いときは，低圧の1端子とするとなっている．これは，300V以下の低圧では，対地に対する電位が低いため，常時接地線に流れる電流が少なく，不平衡が問題にならないからなんだ．この変圧器は300Vを超えているから，低圧の1端子に接地を施せないことになるよね」

「400Vになると，電圧が高く，不平衡電流も多くなるので，問題になることが考えられる．低圧側を△結線として非接地としたい場合，混触防止板付き変圧器を使用して，その混触防止板をB種接地すれば解決できるのだ」「はい」

「条文の続きを読むとわかると思うよ．『低圧電路が非接地である場合においては，高圧巻線または特別高圧巻線と低圧巻線との間に設けた金属製の混触防止板にB種接地工事を施す』となっている．中性点に接地できない代わりの措置だ．よく変圧器をみてごらん」

「あっ．変圧器の中央上部からなにか電線が出ています」

「それが混触防止板の接地線だ．つまり，低圧側が400Vだから，混触防止板が必要となるのだ．しかも，この変圧器はUPS電源だから，なおさらそのほうがいいわけなんだ（**第19図参照**）」

「先輩．やっと理解できました」新人は，先輩の詳細な説明に納得して，深々とうなずいたのである．

1 変圧器に関する知恵

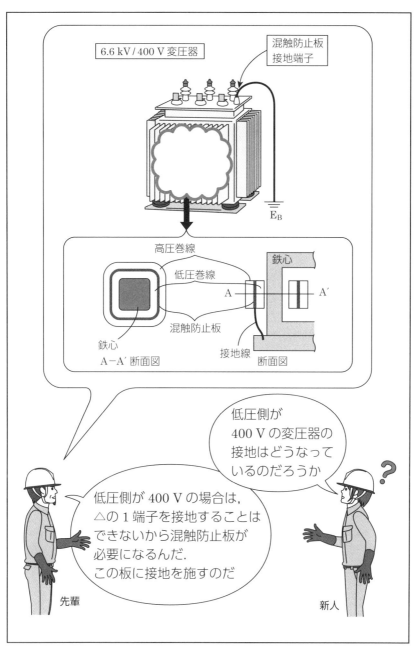

第19図　低圧側が400 Vの変圧器の混触防止板

第1章 基礎強化・応用発展 編

20
混触防止板付き変圧器は，UPSなどの電源として使われる！

　新人は日常巡視点検で，ある変圧器をみて不思議に思った．低圧側端子に接地線が挟み込んでいないのだ．
　「先輩．この変圧器は低圧側に接地を施していないのですか」
　「この変圧器は，混触防止板付き変圧器よ．構造は**第20図**のように，高圧巻線と低圧巻線の間に混触防止板があって，ここで接地を施しているのよ．変圧器の上をみてごらん．中央部に混触防止板接地端子があって，ここから出した電線にB種接地を施しているのよ．これに関する根拠は，電気設備技術基準・解釈第24条に規定されているよ」
　「どんな目的で使うのですか」
　「混触防止板付き変圧器は従来，危険物を扱う工場などで，防爆構造変圧器として使われているのよ．近年では，通信情報設備や医療設備などの技術の高度化に伴って，停電を避けて信頼性を向上させるという意味がある．変圧器の二次側回路には接地しなくてもよい，この変圧器の採用事例が増えているわ．高圧側で短絡事故が発生した場合でも，低圧側への事故波及を防ぐことができるよ」
　「この変圧器の特長は，変圧器の二次側に接地が施されていないので，万一，低圧回路で地絡が発生しても大きな地絡電流は流れないよ．感電災害，漏電火災，停電事故などによる被害を減らすことができるのよ」
　「一方，高圧側からの雷インパルス，開閉サージなどの侵入に対しては，混触防止板が静電遮へいの役割を果たすので，低圧側への異常電圧の侵入を抑制するのよ」
　「ここは，データセンタだから，UPS用電源として使われているのよ．データセンタで，UPS電源が停止すると困るからね」
　「なるほど，混触防止板付き変圧器は，UPS電源には欠かせないものなのですね」新人は，先輩の説明にうなずいたのである．

1 変圧器に関する知恵

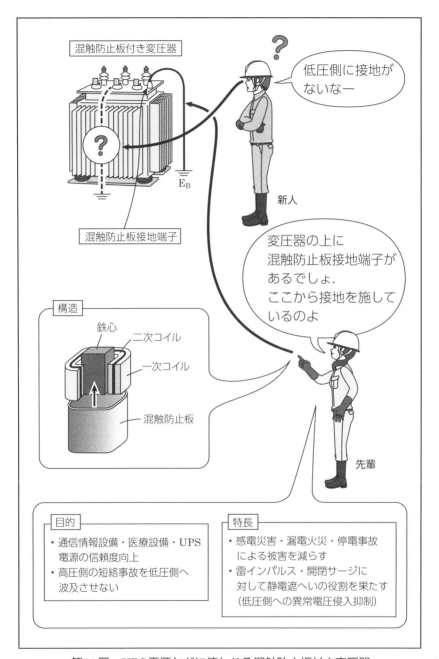

第20図　UPS電源などに使われる混触防止板付き変圧器

第1章 基礎強化・応用発展 編

21 特高変圧器は，負荷時タップ切換装置（LTC）で適正電圧を保っている！

特高変圧器には，送電を停止することなく変圧比を変えることのできる，負荷時タップ切換装置（LTC）が取り付けてある．通電中にタップ巻線の接続を切り換える装置であり，変圧器の中身と一緒に変圧器タンクに組み込まれている．LTCは，そのタップ巻線が主巻線に直列に接続され，変圧器の一次側に取り付けられている．

LTCは変圧器のタップ巻線が接続されるタップ選択器部と負荷電流の切換えを行う切換開閉器部から構成されている．切換開閉器部は電流遮断を行うので，変圧器内部とは完全に隔離されている．ここでは真空バルブ式LTCを例にあげ，タップ切換動作について説明する．

制御盤から昇圧または降圧への指示が入力されると，電動機により蓄勢装置の蓄勢ばねにエネルギーが蓄えられて，その放勢時に切換動作が行われる．タップ選択器は切換開閉器と同期して動作してタップを選択している．タップ選択器も電動機により可動接点を駆動してタップ選択を行う．タップ選択器の可動接点により次に切り換える接点を接続した後，切換開閉器部で通電経路を切り換える．

具体的にタップ n からタップ $n+1$ に切り換わる場合の動作は，次のとおりである（**第21図参照**）．

(1) n 運転状態（図中①）
(2) 抵抗バルブ V_2 閉により n，$n+1$ ともに通電状態となり，タップ巻線間に循環電流が流れる．循環電流は限流抵抗器Rによって制限される（図中②）．
(3) 主バルブ V_1 開により，$n+1$ のみ通電状態となる（図中③）
(4) 切換スイッチSの切換開始（図中③）
(5) 切換スイッチSの切換終了（図中④）
(6) 主バルブ V_1 閉によりタップ切換えが完了し，$n+1$ 運転状態となる（図中⑤）．

1 変圧器に関する知恵

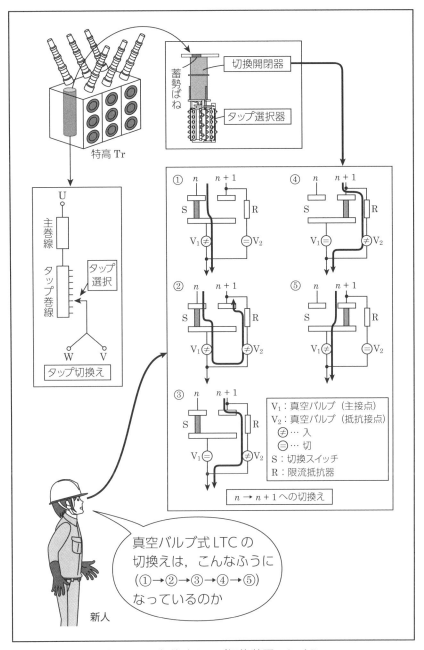

第21図　負荷時タップ切換装置のしくみ

22 変圧器は，自らの諸問題をほとんど自己解決している！

　先輩から変圧器の個性に関する話があった．「変圧器は，自家用電気工作物のなかでも中心的存在であることはわかったね．それだけにいろいろな問題をかかえているわけだが，ほとんどは自己解決しているんだ」「たとえば，どんなことですか」

　「第3調波の問題があったね．あれは，励磁電流がヒステリシスの影響を受けてひずむわけだが，これによって発生する第3調波は結線の工夫で解決していたね．△結線のなかを循環させることによって，第3調波は外部に出ないのだったね（テーマ12・14・15参照）」

　「一方，Y結線は，その中性点を接地していたね．いわゆる，B種接地線を施しているが，これによって，高圧が低圧に侵入（混触）したとき，これを対地に逃がす役割をもっていたね（詳細は，拙著『電気管理技術者100の知恵』テーマ2参照）．また，400 V変圧器で中性点が接地できないのには困ったけど，混触防止板を取り付けることによって，解決していたよね（テーマ19参照）」

　「また，油入変圧器には，鉄箱外部にフィンが付いているよね」「はい．そうですね」「あれは，表面積を広くして，放熱しやすくしているんだ．ただ，モールド変圧器は，構造的に放熱フィンが取り付けられないので，この方法はとれないのだけどね」

　「それに比べて，高圧コンデンサは，高調波問題や励磁突入電流の抑制について，自ら解決できないから，直列リアクトルの力を借りているんだね（テーマ26参照）」

　「このように，変圧器にはさまざまな工夫が施されているんだ．これは，変圧器を開発していくうちに，いろいろな問題点が生じてその都度，先人たちが工夫を重ねていった結果だと思うよ」「うーん．変圧器は優れた機器なんだな」と，新人は先人の英知に思いをはせたのである（**第22図参照**）．

1 変圧器に関する知恵

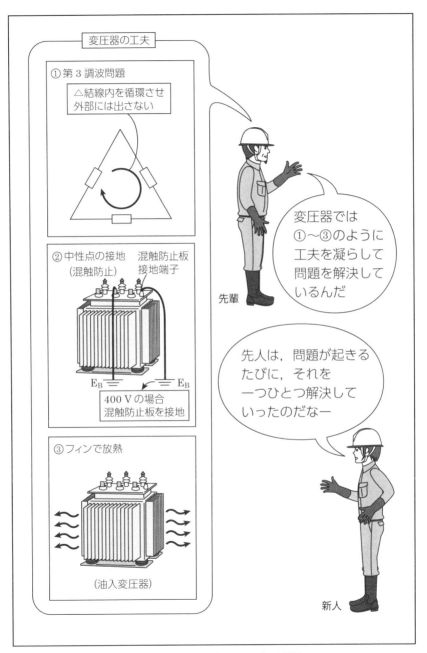

第22図 変圧器諸問題の自己解決

第1章　基礎強化・応用発展 編

23

高圧コンデンサ電流の計測には，こういう意味がある！

「先輩．日常巡視点検で高圧コンデンサの電流値を記録しているのですが，いつも同じような値でほとんど変化がないのですが……変圧器の電流のように変化しないのに，どんな意味があるのですか」

新人は疑問に思ったので質問した．

「いいところに気がついたね．コンデンサは変圧器のように，負荷が直接かかっているわけではないから，ほとんど変化がないのは当然なのだ．でも点検で大切なのは，コンデンサ電流が普段より増加した場合だ．これは要注意だからね」「なぜですか」

「それは，コンデンサの仕組みと劣化について勉強すればわかってくるぞ．高圧コンデンサの容器の内部では，**第23図**のように各相の素子が複数，直並列に接続されているのだ．その内部素子が絶縁破壊したときには，過大電流が流れるのだ．この過電流によって素子が焼損・炭化して，またアーク熱によって絶縁油が分解・ガス化して，内部圧力が上昇する．これによって，コンデンサ容器を膨張させ，限界を超えると，容器が破壊するのだ」

「こういうわけで，電流値が大きくなったときには，絶縁破壊が起こる可能性があるので注意が必要なのだ．高圧コンデンサの保護には，限流ヒューズ（パワーヒューズ）が使われていて，コンデンサの素子破壊から短絡にいたる瞬間に，その短絡電流によって限流ヒューズが溶断することにより，回路を開放しているのだよ」

「その他の保護として，劣化の初期段階を検知する容器圧力検知方式がある．これは，素子の破壊による内部圧力上昇を検出しているんだ．容器破壊前にコンデンサを回路から開放する動作接点があって，この信号で遮断器を開くシステムなのだ」

新人は先輩の話から，コンデンサ電流計測の大切さが理解できたのである．

2 コンデンサ・リアクトルに関する知恵

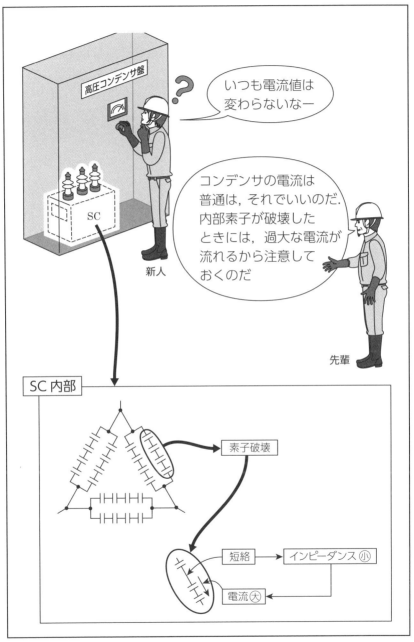

第23図 高圧コンデンサ電流計測の必要性

第1章 基礎強化・応用発展 編

24
高圧コンデンサ開閉時諸現象への対応，あれこれ

　先輩から高圧コンデンサの開閉について話があった．新人は興味津々である．

　「この施設には，高圧コンデンサが4台あって，自動力率調整器によってON・OFF制御されている．動力負荷の変動が激しいから，かなり頻繁にON・OFFしているよ．注意点をあげると，次のようになる」

　「① まず，それぞれのコンデンサには，放電コイルが付いている．放電コイルは，開放後5秒以内に，放電をほぼ完了させることができるからだ．放電コイルがなかったら，コンデンサ開放後，残留電荷が十分放電しない状態で再投入された場合，高い過渡電圧が発生するからね」

　「② コンデンサを開放したときには，遮断後の半サイクルで真空電磁接触器（VMC）の極間に現れる回復電圧は，**第24図**のように，電源電圧の約2倍の高い値になるのだ．遮断直後にVMC極間に現れる回復電圧は，急激に増大するので再点弧を生じやすいのだ．

　再点弧を生じると，高い異常電圧を発生する．したがって，コンデンサの開閉には，極間の絶縁回復性に優れていて，再点弧の心配のないVMCを使用しているのだ」

　「③ また，コンデンサ投入時には大きな突入電流が流れる．特に，並列に既充電のコンデンサが設置されている場合には，先に充電されている，このコンデンサからの回り込みによって，過大な突入電流が流入して，VMCの接点を摩耗させることがあるのだ．このためにも，コンデンサには直列リアクトルを取り付けて，突入電流を抑制する必要があるんだ．6％直列リアクトルを設置することで，突入電流を定常電流の5倍〜10倍以下にすることができるよ」

　新人は，コンデンサの開閉については，おぼろげな知識しかなかったが，この話を聞いて，その深い意味がわかったのである．

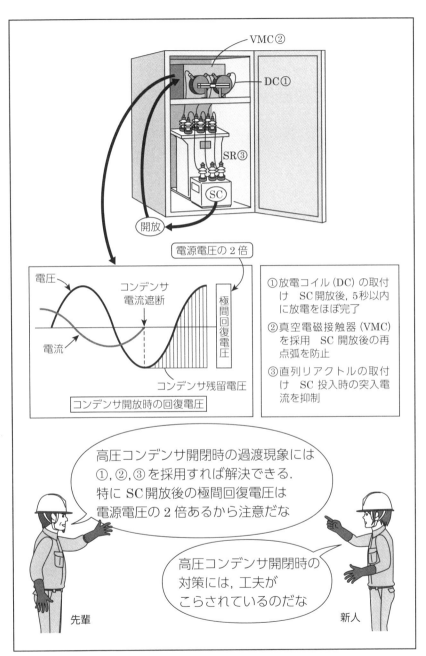

第24図 高圧コンデンサ開閉時諸現象への対応

第1章 基礎強化・応用発展 編

25
高圧コンデンサと直列リアクトルの定格容量が半端な値だな……

新人は日常巡視点検をしていて気づいたことがあった．

「先輩，コンデンサと直列リアクトルの銘板をみていたら，中途半端な数値になっているのですが……たとえば，コンデンサの定格容量が106 kvarで，リアクトルの定格容量が6.38 kvarとなっていたのですが，どうしてですか」

「近年，コンデンサは高調波の影響が大きいので，その対応をしているからそんな値になるのよ．リアクトルは通常，第5調波対策として設置されるので，6％リアクトルになるのよ」

「コンデンサだけの場合は，コンデンサの定格容量が100 kvarの場合は，そのまま100 kvarが設備定格容量になるよ．しかし，6％リアクトルが直列に入ると，**第25図**のようになって変化するのよ」

「わかりにくいから，数式を使って説明するよ．設備定格容量をP_O，コンデンサ定格容量をP_Cとすると，リアクトル定格容量P_Lは，コンデンサの6％だから，$0.06P_C$となるわね．コンデンサとリアクトルの直列回路よ．ベクトル図で表すと，図のようになるわ．

$$P_O = P_C - P_L = P_C - 0.06P_C = 0.94P_C$$

$$P_C = \frac{P_O}{0.94} ≒ 1.064P_O \qquad ①$$

$$P_L = 0.06P_C ≒ 0.0638P_O \qquad ②$$

①，②式に$P_O = 100$を代入すると，

$$P_C ≒ 106 \text{ kvar}, \quad P_L ≒ 6.38 \text{ kvar}$$

となる．

つまり，＋方向の106 kvarから－方向の6.38 kvarを差し引いて100 kvarになっているのよ」

「そうか．ベクトル図を描いて計算で求めるとわかるのか」新人は，近年のコンデンサとリアクトルの動向を察知したのである．

2 コンデンサ・リアクトルに関する知恵

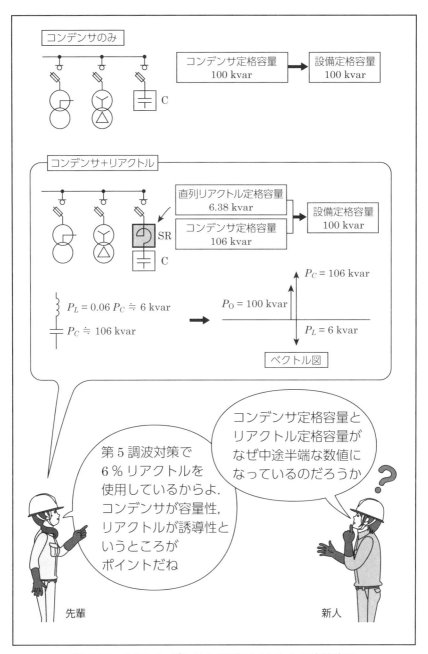

第25図　高圧コンデンサと直列リアクトルの定格容量

26

直列リアクトルは，自らを犠牲にして コンデンサを守っている！

「先輩．直列リアクトルは焼損することがあると聞いたのですが，どんなときですか」新人が質問した．

「まず，直列リアクトルの設置目的からいこうか．直列リアクトルは高圧コンデンサの一次側に取り付けられる．コンデンサに電源を投入したときには，大きな突入電流が流れるね．この電流はコンデンサの定格電流に対して数十倍である．一つには，この突入電流を抑制するために，コンデンサに直列に接続しているのだ．リアクトルはコイルであって，そのインダクタンスが突入電流を妨げるように働くのだ．通常は6％リアクトルを設置するが，これによって，突入電流をコンデンサの定格電流の5倍程度に抑制することができるのだ．また，6％リアクトルは，回路を誘導性にして第5調波電流の拡大を防止する働きもあるよ」

「また，すこしむずかしいが，直列リアクトルは過熱することがあるからね．高調波電流の流入，特に第5調波電圧のひずみが異常に大きい場合は，最大許容電流を超える過電流となって，異常な温度上昇を起こして焼損することがあるのだ．この電圧のひずみは，フェランチ現象によって，受電電圧が高くなる夜間に大きくなることが多い．だから昼間の点検だけでは，過熱状態を把握することはむずかしいのだ．その状況把握のためには，直列リアクトルの外箱に示温材（サーモラベル）を貼って，温度管理をすることが重要になってくるよ（**第26図参照**）」

「このように直列リアクトルは，コンデンサ特有の現象に対応するために，つくられたものなんだ」

「うーん．直列リアクトルは，自らを犠牲にしてコンデンサを守っているのか．偉い機器なんだな」と，新人はそのけなげさに感心するばかりであった．

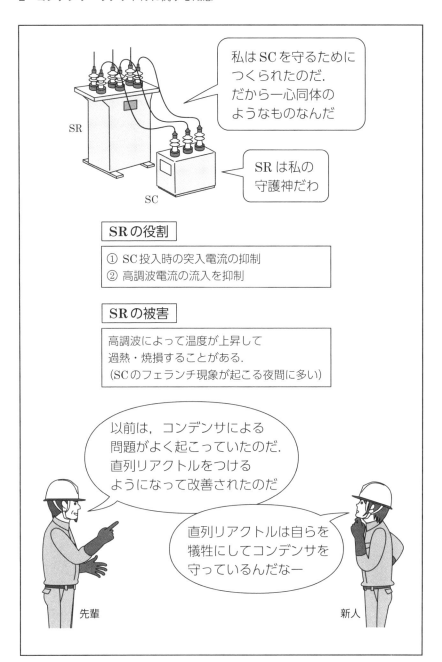

第26図　直列リアクトルの高圧コンデンサに対する働き

27 特高盤には，コンデンサがないのだが……？

　新人は，日常巡視点検で特高キュービクル（66 kV）のなかをみていて，気づいたことがある．"コンデンサがないな"どうしてだろう．
　「先輩．特高盤にはコンデンサはないのですか」
　「そうよ．通常，特高盤にはコンデンサは付けないのよ．特高の需要家では，特高変圧器（66 kV/6 kV）の二次側の高圧母線にコンデンサを設置するのが一般的よ．なぜかということを説明するよ．特高コンデンサを設置するデメリットは次の3点よ．

① 特高コンデンサを設置しても，下位の力率は改善されない
　高圧需要家で，高圧コンデンサを取り付けても需要家の力率は改善されないのと考え方は同じである．特高コンデンサを設置した場合，その電源側の電力会社変電所の力率は改善されるが，負荷側の力率は改善されない．その見返りとして力率割引制度が適用されるから，電力料金のうちの基本料金が低減される．高圧側へコンデンサを設置しても受電端の力率は改善されるから，一般的に高圧側に設置される．

② コンデンサ設置コストが高くなる
　特高コンデンサは高圧コンデンサよりもコストが高く，それに付属する開閉器類のコストも高く，経済的に不利となる．

③ 故障時の影響が大きい
　特高コンデンサが故障した場合，特高の停止を伴う場合もあり，その影響が大きい．こういう理由によって，特高受電の需要家のほとんどは，特高変圧器二次側の高圧母線に設置するのが通例なのよ．特殊な例として，大容量電気炉負荷などがあって特高から直接低圧に変成する需要家では，特高コンデンサを設置する場合があるけどね（第27図参照）」
　「特高では，コンデンサは高圧側に設置する方が有利である」ということを，新人は理解したのである．

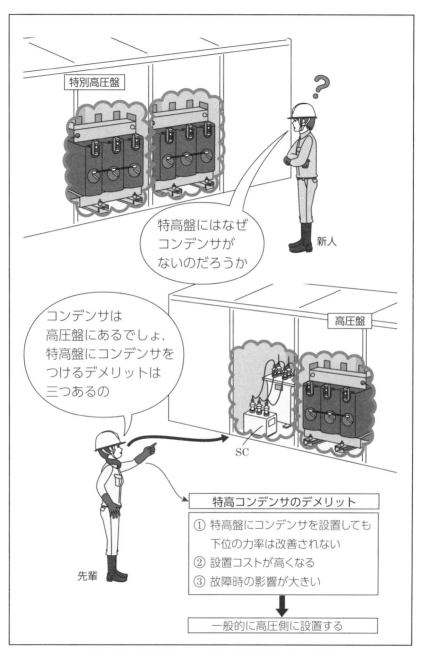

第27図　特高盤にコンデンサを設置しない理由

28

高圧コンデンサの自動力率調整は，サイクリックで制御している！

　新人は日常巡視点検で高圧コンデンサのON・OFF状況を調べていたら，あるとき気づいたことがあった．近頃はコンデンサ4台のうち3台が運転しているが，日ごとに運転している3台が違うのである．

　「先輩．どうして，運転するコンデンサが毎日違うのですか」

　「ここには自動力率調整器が付いているからだ．まず力率制御について説明するが，現在の力率と設定された力率を比較して，コンデンサの投入・遮断を行っているのだ．軽負荷から重負荷まで一定力率で制御できるのだが，コンデンサ1台の容量が大きい場合には，軽負荷時に力率が進み過ぎる場合がある．ちなみに，この事業所は4台とも同容量だ．ここで採用されている制御方式は，**第28図**のようなサイクリック制御だ．ON・OFFするコンデンサを順次サイクリックに変化させる制御だ．この方式のメリットは，各コンデンサの稼働時間が均一化されることだ」

　「なるほど，それでONするコンデンサが変わっていたのですね」

　「各コンデンサの一次側には，真空電磁接触器（VMC）が設置されていて，ON・OFFしている．高圧コンデンサ開路の瞬時，開閉器の電極間には大きな回復電圧が発生して，再点弧が生じやすくなる．再点弧とは，開閉器の電極が開いたにも関わらず極間絶縁が破れて，アークが発生して再通電する現象をいう．このため，近年では，開極時の絶縁回復性の優れた真空電磁接触器が用いられているのだ」

　「高圧受電設備規程では，『進相コンデンサ定格設備容量が300kVarを超過した場合は2群以上に分割し，かつ，負荷の変動に応じて接続する進相コンデンサの定格設備容量を変化できるように施設すること』となっている」

　「制御にはいろいろな思想が込められているのだな」と，新人は感じたのである．

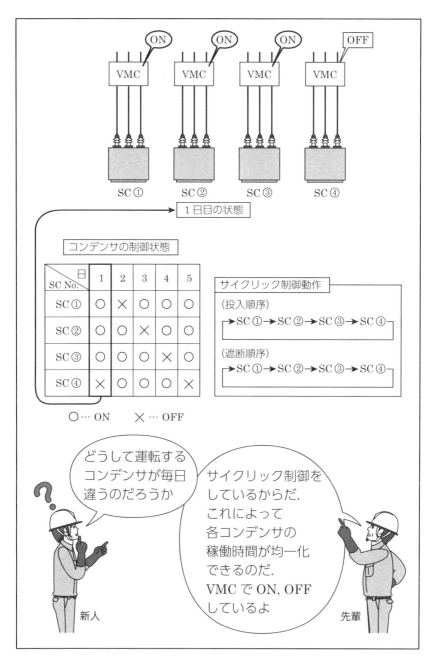

第28図 高圧コンデンサのサイクリック制御

第1章 基礎強化・応用発展 編

29

近年の高圧コンデンサ（SC）は，ガス封入式のものもある！

　先輩から高圧コンデンサの話があった．
　「近年は，都市に建設されるビルは，高層化され大形化してきている．これらの施設は，多数の人々が集まるところであり，その受変電設備にも安全性と信頼性が要求されてきている．特に火災に対して，万全の体制が必要となっている」
　「変圧器や高圧コンデンサには，難燃性機器を使用することが望ましい．変圧器には，モールド形が登場して久しいが，高圧コンデンサも油入式に加えてガス封入式が出てきている．ガスにはSF_6ガスが使用されているが，その特長を説明すると，
① 絶縁油に代わり，無害・不燃性・非爆発性のガスを充填し，安全でかつ火災などの二次災害の心配がない．
② ガス漏れなどによるガス圧低下に対して動作する下限圧力スイッチ付きで，万一の内部故障時には，ガス圧力の異常上昇に対して動作する上限圧力スイッチと安全弁を装備している．
③ ケース内部のSF_6ガスは，大気圧よりわずかに高い圧力で封入されており，万一のガス圧力低下に対しても，ただちに性能には支障がない．
④ 全密閉のケース，シール性の高い端子の使用で，ガス漏れに対する信頼性がありメンテナンスフリーである」
　「ただ，SF_6ガスは，地球温暖化防止の排出抑制対象となったので，それに代わるガスとして，窒素ガス（N_2）が登場したわけだ．ちなみに，このデータセンタの高圧コンデンサは窒素ガス封入式だ．窒素ガスの性質は，無害，不燃性，非爆発性であり，安全性には問題はなく，地球環境にも配慮しているのだ」
　「そうか．高圧コンデンサも，時代の変化とともに進化しているのだな」と，新人は考え及んだのである（**第29図参照**）．

2 コンデンサ・リアクトルに関する知恵

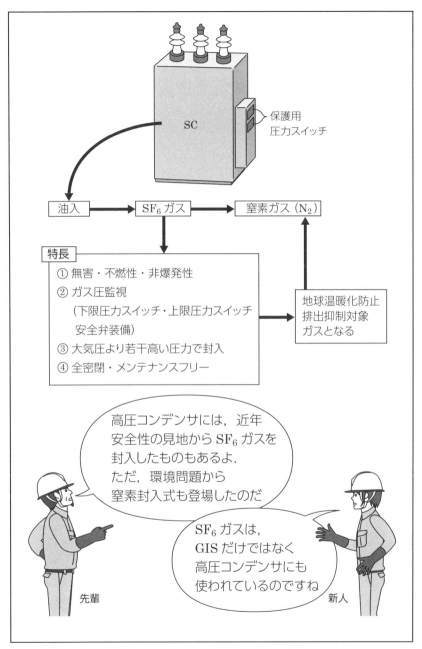

第29図　ガス封入式の高圧コンデンサ

30

高圧コンデンサ（SC）の自動力率制御……
その稼働状況を把握せよ！

　「高圧コンデンサ（SC）の稼働状況を確かめたことはあるかな」先輩がたずねた．「いえ，あまり気に留めていませんでした」

　「この事業所では自動力率調整器を採用しているから，B1階の主変電所のSCはサイクリック制御でON，OFFしているので，各SCの稼働はおおむね平均しているね」

　「主変電所では，第30図のように4台のSCがその制御によって稼働しているよ．9階のサブ変電所には2台のSCがあるけど，いつもはどのSCがONしているかわかるかな」「はい．SC No.1です」

　「そうだ．SC No.1だけONで，SC No.2はOFFのままだね．以前は負荷が大きかったので，2台運転だったが，現在は負荷が減ったから，ここ数年は，ずっとSC No.1だけの運転が続いているんだ」

　「コンデンサだけでなく，電気機器というものは，通電しない状態で長く放置しておくのは，絶縁管理上から望ましくないのだ．通電による，ほどよい温度状態がいいのだ．たとえば絶縁抵抗の値が悪いとき，しばらくメガ（絶縁抵抗計）を当てておくと，若干だが回復する場合もあるようにね．したがって，SC No.2をこのままにしておくのはよくないと考えたのだ」

　「そこで，9階のコンデンサ盤を調べたら，自動・手動の切換えがあって，自動にしておくと，SC No.1しかONせず，SC No.2はONにならないことがわかったのだ．B1階と9階のSCは，自動力率調整器によって，トータル的に管理されていることもわかった」

　「SC No.2をONする手順は，手動にして強制的にONにするのだ．詳細は，SC No.1 ONの状態で手動にして，SC No.2を投入し，次にSC No.1をOFFにするのだ．短時間でも，SCが入ってないと力率に影響が出るおそれがあるからね」

　新人は，先輩の繊細な電気管理に，はっと気づいたのである．

2 コンデンサ・リアクトルに関する知恵

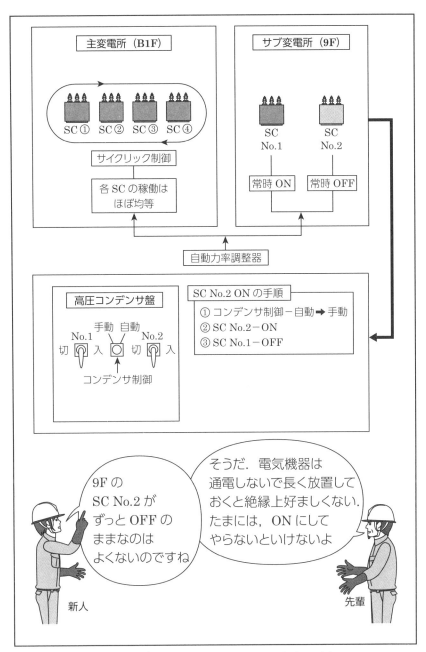

第30図 高圧コンデンサ稼働状況の把握は大切

31

高圧コンデンサの内部結線が
Y結線となったのは，こういう理由である！

「先輩．高圧コンデンサの内部結線は，以前△結線になっていましたが，最近はY結線になっているのは，どうしてですか」

「高圧コンデンサは従来，**第31図**のように数個のコンデンサ素子を直列にして，これを△結線にしていたのだ．コンデンサ保護の観点から現在では，Y結線が主流になってきているんだ．従来，特別高圧で採用されていたY結線を高圧クラスにも導入して，より安全性を高めようとする狙いだ」

「コンデンサの過電流は130％まで許容されている．130％を超える電流が保護の対象になる．コンデンサの事故の多くは過電流なんだ．コンデンサ素子の破壊によって，たとえば，線間の直列素子数が4個のとき，1個の素子が破壊した場合，電流の増加は117％となって，許容値内である．したがって，コンデンサが線間完全短絡にいたる前に，過電流を検出することは困難であったのだ」

「そこで，コンデンサ線間短絡を防ぐ手段として，Y結線が採用されたんだ」

「Y結線の特長は，二つあるよ．
① 1相のコンデンサ内部素子の一部が短絡しても，線間完全短絡する前に過電流の検出が可能である．
② 中性点電圧および中性点電流の検出が容易である．中性点電圧，中性点電流は，三相が平衡しているときはゼロであるが，内部素子の短絡によって三相が不平衡になると現れるので，容易に検出できる」

「結線図は図のようになっていて，内部結線は，内部素子を2分割してY-Y結線として，この中性点間に電流を検出するコイルを配置して，このコイルによって作動する接点を設けているんだ」

「コンデンサは高圧機器のなかでも，特殊な存在で危険性があるから，安全性への配慮をしたのだな」と，新人は理解したのである．

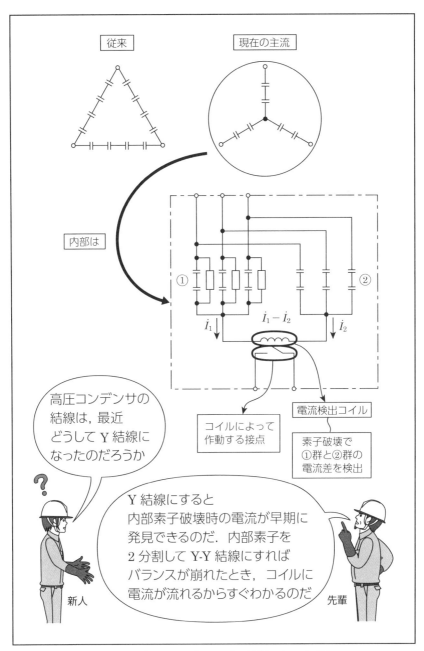

第31図　高圧コンデンサがY結線になった理由

32

高圧コンデンサ（SC）の容量アンバランスは，異状の前兆である！

「先輩．高圧コンデンサの日常巡視点検では，異常な膨らみはないか，油漏れはないかなどを目視することはわかったのですが，定期保安検査ではどんな試験をするのですか」

「定期保安検査では，まず高圧メガで端子と対地間の絶縁抵抗を測定する．そのほかにコンデンサ特有の容量試験があるのだ」

「これは**第32図**のように，端子間の容量を測定することによって，定格容量と端子間容量の不平衡度を算出して，その値が基準値（JIS C 4902）と比較して問題はないかを調べるのだ．この試験で，内部素子に異状がないかを間接的に調べることができるというわけだ．測定には，コンデンサ容量測定器を使用する」

「測定は，2端子を短絡線で結び，短絡した端子とほかの短絡していない端子間で行う．端子を入れ換えて，3回同じように行うんだ．
① まずBCを短絡して，A端子との間の容量を測定すると，
$$C_a = C_1 + C_3\ [\mu\mathrm{F}]$$
② 次にCAを短絡して，B端子との間の容量を測定すると，
$$C_b = C_1 + C_2\ [\mu\mathrm{F}]$$
③ 最後にABを短絡して，C端子との間の容量を測定すると，
$$C_c = C_2 + C_3\ [\mu\mathrm{F}]$$
①，②，③から，
$$\text{全容量}\ C = (C_a + C_b + C_c)/2\ [\mu\mathrm{F}]$$
$$\text{SC容量}\ Q = 2\pi f C V^2 \times 10^{-9}\ [\text{kvar}] \qquad V：定格電圧 \text{ 」}$$

「判定基準としては，JIS C 4902によれば，定格容量からの偏差が-5%から$+10\%$以内であり，端子間容量の最大値と最小値の比は1.08以下だ」

「なるほど．こんなふうに測定をしているのか．」新人は，電験の計算問題を思い出すようであった．

2 コンデンサ・リアクトルに関する知恵

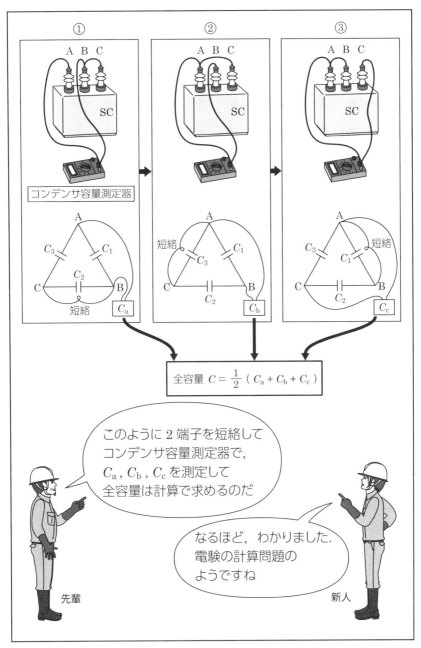

第32図　高圧コンデンサ容量の測定法

第1章 基礎強化・応用発展 編

33
高圧コンデンサの破壊は，このようなプロセスで進行する！

「先輩．高圧コンデンサは変圧器と違って，破壊するとこわいのでしたね．破壊したとき，内部はどのようになっているのでしょうか」

「そうだね．なかなか内部をみることはできないけど，理論的には次のように考えればいいよ」

「高圧コンデンサは**第33図**のように，単素子を直並列に接続して，必要な容量を出すようにつくられているのよ．破壊するプロセスとして，最初に1個の素子破壊が起こると，他の素子にその分の過電圧がかかって過電流が流れる．これによって，過熱が起こって連鎖的に他の素子破壊が起こる．最終的に，全直列素子が破壊して線間短絡にいたるわ．全直列素子が短絡にいたるプロセスは，まれなケースを除いては，瞬間的に起こるのではなく，短絡と開放を繰り返して，ある時間経過の後に最終的に短絡する場合が多いのよ．小容量では月から年単位，大容量では分から日単位，中容量では小容量と大容量の間くらいよ．すなわち，大容量ほど破壊は早いことになるわ」

「一度に破壊するわけではないのですね」

「そうよ．だから，日常巡視点検でコンデンサの電流計でその変化に注意していれば，電流値の増加で判断できるから，破壊事故を未然に防ぐことができるのよ」

「わかりました．では，コンデンサの膨らみとはどんな関係があるのですか」

「素子破壊が起こって線間短絡に至るまでには，容量別に次のようになるわ．小容量では，容器の膨らみはほとんど起こらない．中容量では，容器の膨らみが起こるものと起こらないものがある．大容量では，容器の膨らみは，ほとんどの場合起こるわ」

「なるほど．こんな視点で，コンデンサを点検しなければいけないのだな」と，新人は理解したのである．

2 コンデンサ・リアクトルに関する知恵

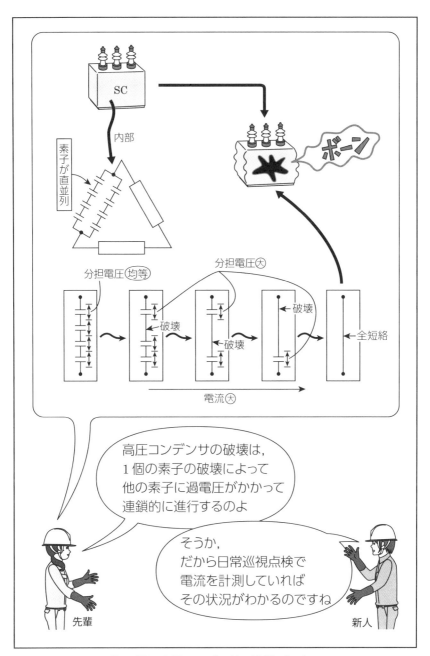

第33図　高圧コンデンサの破壊プロセス

34

高圧コンデンサ素子破壊時の電流分布を解析する！

「先輩．コンデンサ素子が破壊したとき，各相の電流は**第34図**のようになるとありましたが，どうしてそのようになるのですか」

「対称座標法を使えば解けるよ．素子が破壊すると，不平衡負荷となるからね．各相内のコンデンサ素子が4個直列で，そのリアクタンスが X_C とするよ．計算を簡便にするために，$X_C = 1\,\Omega$ とする（ただし電圧 V [V]，電流 I [A]）．図の②（1個短絡）の計算は次のようになる．

$$\dot{V}_{ab} = 210 \text{ V}$$
$$\dot{V}_{bc} = 210(-1/2 - j\sqrt{3}/2) = 210a^2 \text{ V} \quad \text{a：ベクトルオペレータ}$$
$$\dot{V}_{ca} = 210(-1/2 + j\sqrt{3}/2) = 210a \text{ V}$$
$$\dot{I}_1' = 210/(4X_C) = 210/4 = 52.5 \text{ A}$$
$$\dot{I}_2' = 210a^2/(4X_C) = 210(-1/2 - j\sqrt{3}/2)/4$$
$$\quad = (-26.25 - j26.25\sqrt{3}) \text{ A}$$
$$\dot{I}_3' = 210a/(3X_C) = 210(-1/2 + j\sqrt{3}/2)/3$$
$$\quad = (-35 + j35\sqrt{3}) \text{ A}$$
$$\dot{I}_1 = \dot{I}_1' - \dot{I}_3' = (87.5 - j35\sqrt{3}) \text{ A} \quad |\dot{I}_1| \doteqdot 106 \text{ A}$$
$$\dot{I}_2 = \dot{I}_2' - \dot{I}_1' = (-78.75 - j26.25\sqrt{3}) \text{ A} \quad |\dot{I}_2| \doteqdot 90.9 \text{ A}$$
$$\dot{I}_3 = \dot{I}_3' - \dot{I}_2' = (-8.75 + j61.25\sqrt{3}) \text{ A} \quad |\dot{I}_3| \doteqdot 106 \text{ A}$$

I_2 を基準とすると

$$\alpha_{21} = I_1/I_2 = 1.17, \quad \alpha_{23} = I_3/I_2 = 1.17 \quad \text{」}$$

「コンデンサ電流は，定格電流の1.3倍までは異状なく使用されなければならない．よって，故障素子数1個の場合は，故障電流増加率1.17であるから，1.3より小さいため，ヒューズでは保護できないことになるのよ．X_C が2個短絡時，3個短絡時も同様な計算をすると，図のような解が得られるよ．このような故障をいち早く発見するには，日常巡視点検時にコンデンサ電流計によって，そのアンバランスがないかどうかを随時行うことだね」

2 コンデンサ・リアクトルに関する知恵

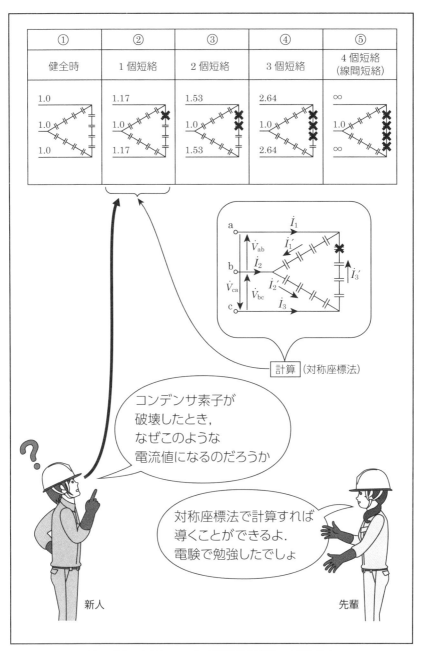

第34図 高圧コンデンサ素子破壊時の電流分布

35

遮断器（CB）は，取付点の短絡容量より大きいものを選定する！

「日常巡視点検で，VCBの銘板をみて気づいたのですが，定格遮断電流12.5 kAとなっていますが，これが遮断容量と関係あるのですか（第35図参照）」新人は先輩に質問した．

「そうだ．以前は定格電流ではなく定格遮断容量で表していたのだ．銘板でみた12.5 kAを遮断容量に換算すると，このようになる．

$$定格遮断容量 = \sqrt{3} \times 7.2 \times 10^3 \times 12.5 \times 10^3$$
$$= 155.88 \times 10^6 ≒ 150 \text{ MV} \cdot \text{A}$$

となるので，遮断容量150 MV・Aと呼んでいたのだ．さらに以前は，8 kA（100 MV・A）が一般的だった．これも換算すると，

$$定格遮断容量 = \sqrt{3} \times 7.2 \times 10^3 \times 8 \times 10^3$$
$$= 99.76 \times 10^6 ≒ 100 \text{ MV} \cdot \text{A}$$　」

「これは送配電網の拡大に伴って，需要家の短絡容量が大きくなったことに対応するためだ．受電点の短絡容量は需要家ではわからないけど，電力会社に問い合わせればわかるぞ．この遮断容量が不足していると，短絡事故が発生した場合に遮断することができずに，発生するアークの熱で遮断器が焼損してしまうこともあるから，気をつけなければならないのだ．だから，遮断器の定格遮断電流（定格遮断容量）は，遮断器取付点の短絡電流（短絡容量）よりも，大きいものを使わなければならないのだ．すなわち，主遮断装置であるVCBに要求される機能として，負荷電流の開閉はもとより，その地点の短絡電流を遮断できなければならないのだ」

「その根拠規定は，電気設備技術基準・解釈第34条にあるよ．『電路に短絡を生じたときに作動するものにあっては，これを施設する箇所を通過する短絡電流を遮断する能力を有すること』である」

「遮断器は自家用電気工作物の重要な役目を担っていて，そのために厳しい要求がなされているんだな」と新人は思ったのである．

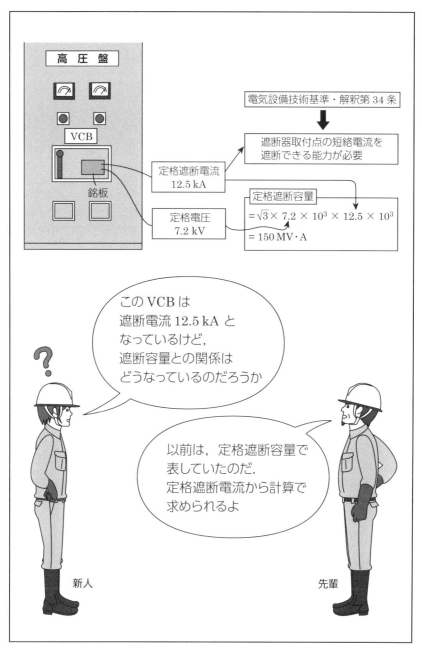

第35図　遮断器の定格遮断電流と定格遮断容量の関係

36

VCBの遮断メカニズムは，このようになっている！

「先輩．遮断器は，負荷電流や事故電流を遮断する能力をもっていることは，わかったのですが，その構造はどのようになっているのですか」

「たしかに内部が見えないから，わかりにくいな」

「その構造は**第36図**のようになっているぞ．その遮断器に付いている，3個の筒状のものが真空バルブだ．その中は，真空の密封構造になっているのだ．上部に固定電極，下部に可動電極がある．その真空中でアークを拡散させて消弧するのだ．消弧とは，アークを消滅させることだ」

「高真空のバルブ内では遮断時に，固定電極に接触していた可動電極が離れるのだ．その際，電極間にアークが発生するが，アーク部分とアーク周辺部の粒子の密度差が非常に大きくなって，高速度で真空中に拡散して消弧できるというわけだ」

「すこしわかってきました．もっと詳しく説明してください」

「交流回路を遮断する場合，開極によりアークが発生して，接点間隔の増加につれてアークが引き伸ばされる．半周期ごとに電流はゼロになるから，このときアークはいったん消滅する．しかし，その直後に系統側の影響によって，急激な立上り電圧が電極間にかかるのだ．この電圧を過渡回復電圧という．この過渡回復電圧に耐えることができれば，電流遮断は成功するのだ」

「しかし，この過渡回復電圧が絶縁回復特性を上回るような場合は，絶縁破壊を起こして，電流遮断は失敗してしまう．したがって，過渡回復電圧の立上りよりも早く絶縁回復することが，電流遮断成功のカギとなるのだ」

新人は普段，何気なく点検している遮断器の複雑なメカニズムに，興味を抱いたのである．

3 遮断器・避雷器に関する知恵

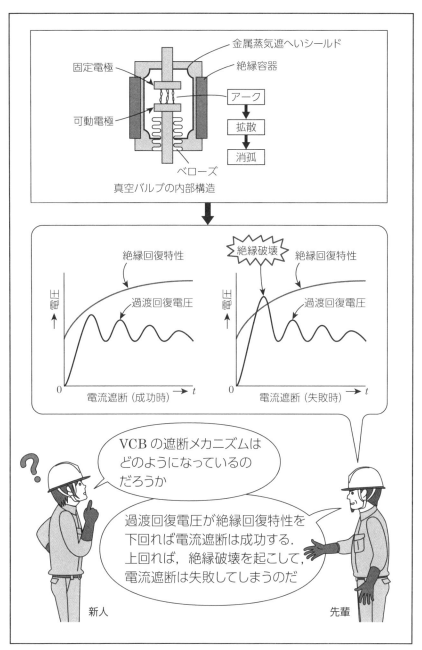

第36図　VCBの遮断メカニズム

37

VCBの真空バルブの真空度試験には，パッシェンの法則を応用する！

「先輩．VCBの真空度状態はどうやって管理するのですか」

「それには，VCBチェッカを使うのよ．VCBチェッカ（絶縁耐力試験器）を用いて交流電圧を印加することにより，真空度を確認する方法が一般的よ」

「真空バルブは劣化すると，遮断時に発生するアークを消弧できなくなって，遮断不能に陥ることがあるからね．劣化の判定方法として真空度試験を行うのよ．パッシェンの法則を応用して，電圧をかけたときの放電の強弱により，真空度の良否を判定するわけなの」

「パッシェンの法則ってどんなものですか」

「パッシェンの法則は，放電の起こる電圧（火花電圧）に関する実験則なの．平行な電極間で火花放電の生じる電圧 V は，ガス圧と電極間隔の積の関数であることを示したものよ．数式は次式になるよ．

$$V = f(pd)$$

p：ガス圧[Torr]，d：電極間距離[m]」

「火花放電は，電界で加速された電子が気体分子と衝突して，気体を電離させることによって起こる．そのため，気体が少なくなると衝突が起こりにくくなって，火花電圧は高くなる．逆に気体が多くなると，電子が衝突するまでに十分加速されにくくなるので，やはり火花電圧は高くなる．pd が大きすぎても小さすぎても，必要な電圧は大きくなって，その中間で最低値をもつのよ．火花電圧と pd の関係は気体の種類によって異なるけど，火花放電しやすい気体の量（気圧）と電極間距離には関係があるの．真空に近づくと火花放電は発生しないので，真空バルブが高い真空度を維持しているかどうかの判定を行う試験に応用しているわけなの（**第37図参照**）」

「そうか．遮断器の真空度は，物理学を応用して管理しているのか」と，新人は，表には見えない技術者の英知を知ったのである．

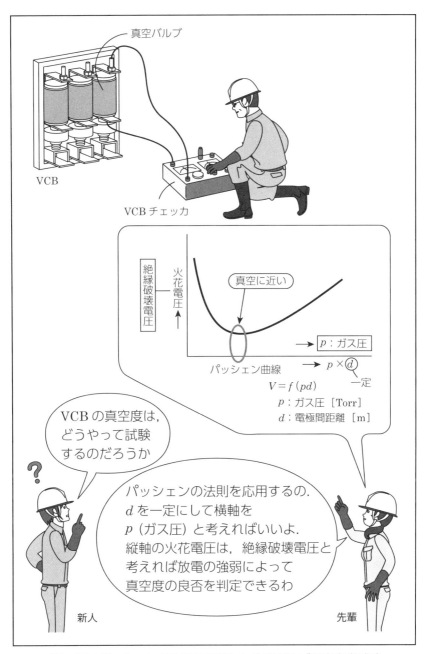

第37図　パッシェンの法則を応用した真空バルブの真空度試験

38

近年の避雷器は，ZnO素子の優れた動作で電気機器を保護している！

「先輩，避雷器の構造については以前教えていただきましたが，動作原理はどうなっているのですか？」「そうだな．避雷器は動作しても，その様子が目で確認できないからね．では，図を使って説明するよ」

「避雷器は，保護対象機器と並列に取り付けられている．その動作原理についてわかりやすいように，**第38図**で避雷器を開閉器として説明しよう．まず避雷器は通常の電圧では絶縁状態となっているから，電路から切り離されていると考えてよい．電路に雷サージが侵入してきた場合，避雷器は低抵抗となって，サージ電流を大地に流すのだ．雷サージがなくなると，再び絶縁状態となって，続流（放電終了後，引き続き電力系統から供給される電流）を遮断して大地から切り離すのだ」

「このように開閉器のような動作ができるのは，内蔵されている酸化亜鉛（ZnO）素子が，雷サージ侵入時には低抵抗となるけど，通常は高抵抗となってほとんど電流を流さないためだ」

「ZnO素子ってすごいですね」

「さらに詳しく説明すると，電路に避雷器があり，その接地抵抗をR_aとすると，雷サージe_sが侵入した場合，避雷器が動作して放電電流I_aが流れる．このとき避雷器に制限電圧E_aが発生する．ここで，制限電圧とは避雷器が放電しているときに，避雷器の両端（端子間）に残る電圧をいう．接地抵抗の端子電圧は$R_a I_a$となるから，電路の対地電圧は$E_a + R_a I_a$となる．この電圧が保護対象機器の絶縁強度，すなわち雷インパルス耐電圧以下であれば，保護対象機器を保護できるんだ．避雷器の接地抵抗は，A種接地工事だから$10\,\Omega$以下だが，その値は小さいほど，避雷器の効果は高まることになるんだ」

新人は，避雷器とは日ごろ縁がないのでよくわからなかったが，先輩の解説で納得したのである．特にZnO素子は興味深かった．

3 遮断器・避雷器に関する知恵

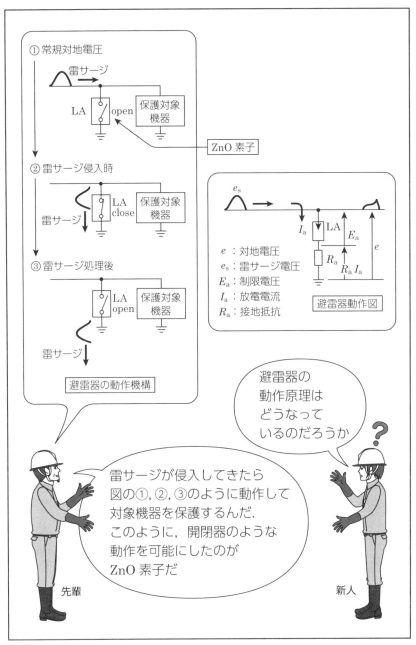

第38図　避雷器内のZnO素子動作原理

39
絶縁耐力試験……電圧がかかりにくいときはリアクトルを活用せよ！

　新人は，耐圧試験を実施した仲間から，電圧がかかりにくかったということを耳にした．

「先輩．電圧がかかりにくいのは，どんなときですか」

「それはたぶん，距離の長い高圧ケーブルだね．よくあることなんだ．ケーブルには対地静電容量があって，長くなるほど大きくなるから，大きな耐圧試験器（試験用変圧器）が必要になるわけだ」

「試験電圧をV，電流をI，ケーブルの対地静電容量をCとすると，
$$\dot{I} = j\omega C \dot{V}$$
となるから，電流Iは対地静電容量Cに比例するわけだ．これは，電験の理論で勉強したと思うよ」

「一方，耐圧試験は，主に設備のしゅん工検査のときに実施するが，現場にそんなに大きな試験器を持ち込むには，運搬や現場での設営の問題が出てくる．それに，大きな試験器を常時かかえておくわけにはいかないから，リースしなければならないので，コスト高になってしまうのだ」

「そこで，いい方法があるんだ．高圧リアクトルを使うんだ．高圧リアクトルを耐圧試験器と組み合わせるんだ．**第39図**のように，被試験物の対地静電容量による容量性成分の電流をI_Cとする．誘導性であるリアクトルの電流をI_Lとすれば，試験器の二次電流I_2は，そのベクトル和となる．つまり，大きなI_Cを逆向きのI_Lで，一部打ち消してやるのだ．これにより，I_2が減少して，試験器の一次電流I_1も減少するから，試験器は小形のものですむわけだ」

「そういう理由で，ケーブルの耐圧試験には，試験用変圧器と一緒に高圧リアクトルを持って行くことがベストな方法なんだ」

　新人は，現場では試験がやりやすいように，工夫がなされていることを知ったのである．

4 PAS・UGS・高圧ケーブルに関する知恵

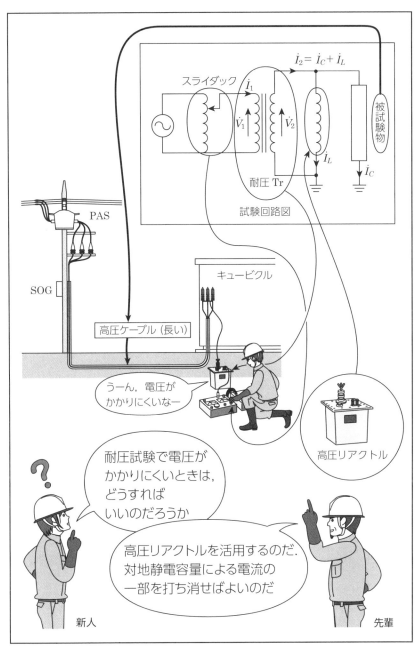

第39図 絶縁耐力試験における高圧リアクトルの活用

第1章 基礎強化・応用発展 編

40 近年のPASはケーブル耐圧試験時に，3相一括としなければならない！

「先輩．高圧ケーブルとPASの耐圧試験で，ケーブルが長い場合，規定の電圧がかかりにくいと聞きましたが，そのときは，1相ずつに分けて3回試験してもいいのですか」疑問に思った新人は質問した．

「以前は，それでもよかった．長いケーブルは，対地静電容量が大きいから，耐圧試験の際の充電電流が大きくなるからね．なかなか電圧がかからないから，3回に分けて試験したこともあるよ．ただ，近年のPASは，VTが内蔵されているのが一般的だから，その場合はだめなんだ」「なぜですか」

「この場合は，1相ずつ電圧をかけると，第40図のように，VTの一次巻線の誘導性リアクタンス（L）とケーブルの対地静電容量（C）によって，直列回路が構成されるからね．このとき，内蔵VTの定格電流よりも大きな電流がVTに流れるので，VTが焼損してしまうからだめなんだ」

「このようなトラブルを防ぐために，近年はケーブルを3本まとめて試験しなければならないのだ．3本をまとめると電圧がかかりにくいから，大形の試験器が必要になるわけだが．しかし，大形の試験器を現地に持ち込むのは，大変なことだしコストもかかるからね．合理的な方法ではないのだ」

「そこで考えられるのが，補償用リアクトルを使う方法だ．リアクトルの遅れ電流で，ケーブル充電電流（進み電流）を打ち消すことができるからね．補償用リアクトルと小容量の耐圧試験器を組み合わせることによって，長いケーブルの耐圧試験を行うことができるというわけだ．電験の理論を応用する場面だな．このことは，テーマ39でも触れたけどね」

「なるほど，そういうことか．電験で学んだことが役立つんだな」新人は，先輩の話の意味を理解し，納得したのである．

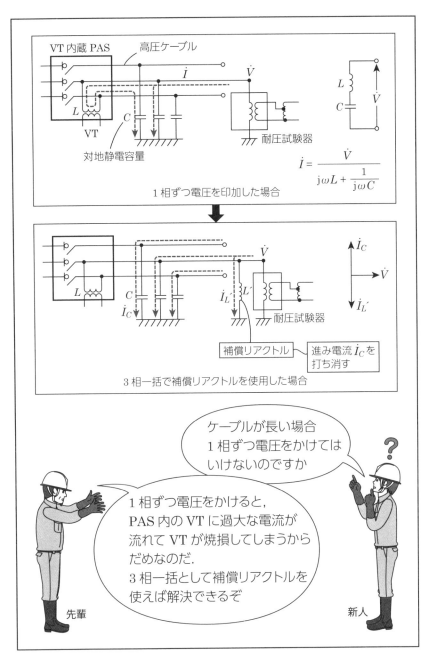

第40図　長いケーブルとPASの耐圧試験

第1章 基礎強化・応用発展 編

41

高圧ケーブルの遮へい層の接地は，電気保安上から施している！

「先輩．高圧ケーブルには遮へい層というものがありますが，なぜ接地されているのですか」

「高圧ケーブルの遮へい層は，静電誘導による感電防止などの電気保安上の目的で設けられているんだ．遮へい層は，地絡電流の帰路としての容量を満たさなければならない．高圧引込ケーブルの遮へい層は，需要家側で片端接地するのが基本だよ」

「具体的に，遮へい層を接地しない場合について解説するよ．この場合は第41図のように，ケーブル導体と遮へい層間の静電容量を C_1，遮へい層と大地間の静電容量を C_2 とすると，対地電圧 V は，C_1 と C_2 によって V_1，V_2 に分圧されるね」

「それは電験の理論で学んだことのようですね」

「そうだ．こんなところでも電験の応用ができるのだ」

「この電圧 V_1，V_2 は，次式のように静電容量に反比例するのだったね．

$$V_1 = \frac{C_2}{C_1 + C_2} V , \quad V_2 = \frac{C_1}{C_1 + C_2} V$$

となるよ」

「接地をしていない場合の C_2 は，C_1 より非常に小さいため，遮へい層に現れる電圧 V_2 は，対地電圧 V に近い値となる．これをわかりやすく説明すると，次のようになるよ．図のように，C_1，C_2 を平板コンデンサとしてとらえると，通常の布設状態では，C_1 の極間より C_2 の極間のほうが非常に大きいため，$C_1 \gg C_2$ となるからである」

「これに対して，遮へい層を接地している場合は，C_2 は接地線によって短絡されるわけだから，遮へい層は大地と同電位になる．よって，安全が確保できるというわけなんだ」

新人は，高圧ケーブルの遮へい層接地の奥深い意味を理解したのである．

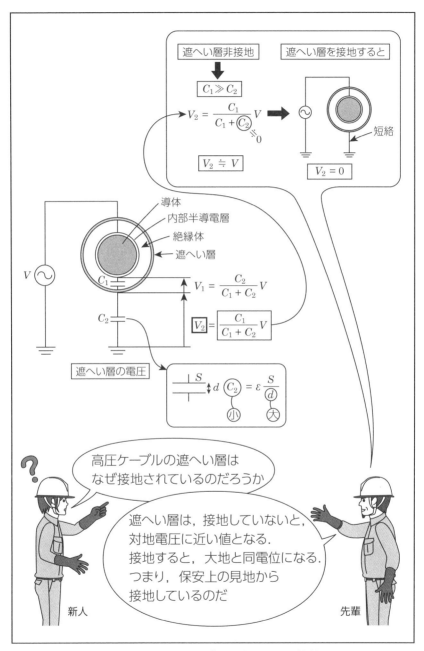

第41図　高圧ケーブルの遮へい層の接地

42 高圧引込ケーブルの耐圧試験……試験用変圧器の容量はいかに？

「先輩．来週土曜日にA事業所がしゅん工するので，耐圧試験を依頼されているのですが，高圧引込ケーブルを試験するとき，試験用変圧器はどのくらいの容量のものを持っていけばいいのでしょうか」

「そうか．それには次の情報が必要だ．ケーブルの種類と太さと長さだ」「6 600 V CVTケーブルの38 mm^{2}が150 mです」

「計算で求められるが，やったことはあるかね」「いえ……」

「この計算は電験3種で，法規に出てくると思うけどね．試験用変圧器容量 S は，充電電流を I_C とすると，

$$S = I_C E_t \ [\text{kV·A}]$$

E_t は試験電圧だから，

$$E_t = 6\,600 \times 1.15 / 1.1 \times 1.5 = 10\,350 \text{ V}$$

充電電流 I_C だが，$I_C = 3\omega C E_t = 3 \times 2\pi f C E_t$ で計算できるよ．ここで，静電容量 C は，電線便覧（電線メーカ発行）で調べるんだ」

「はい．ここにあります．CVT 38 mm^2 の1線の対地静電容量は，0.22 μF/kmです」

「よし．あとは計算するだけだ．

$$I_C = 3 \times 2\pi \times 50 \times 0.22 \times 10^{-6} \times 0.15 \times 10\,350 = 0.322 \text{ A}$$

$$S = 0.322 \times 10\,350 \times 10^{-3} = 3.333 \text{ kV·A}$$

直近上位の5 kV·Aの変圧器を持っていけばいいよ」

「なるほど，こうやって計算するのですね」

「距離の長い高圧ケーブルは対地静電容量が大きいから，充電電流が大きくなって試験用変圧器の容量が不足する場合があるよ．こんなときは，高圧リアクトルを使うと充電電流が減るから，試験用変圧器の容量を小さくすることができるぞ」

新人は電験で勉強したことを思い出し，「こういう場面で使わなければ意味がないのだな」と痛感したのである（**第42図参照**）．

4 PAS・UGS・高圧ケーブルに関する知恵

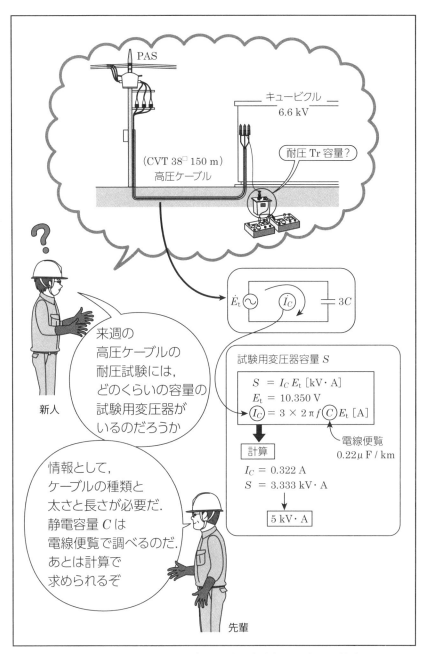

第42図　高圧引込ケーブルの耐圧試験変圧器容量の算定

43

UGS（高圧ガス開閉器）は，ZCT・ZPD・VTを内蔵している！

「先輩．この高圧キャビネットのなかはどうなっているのですか」

「では，開けてみることにしよう」

「高圧キャビネットの右側が需要家側で，左側が電力会社側だ．左側は開けられないから，右側だけみてみよう．これが，UGS（高圧ガス開閉器）だ．その上部にあるのが制御装置だ」

「UGSのなかには，**第43図**のようにZCT（零相変流器）とZPD（零相電圧検出器）が内蔵されているよ．地絡事故の場合には，このZCTで検出した零相電流（I_0）と，ZPDで検出した零相電圧（V_0）の位相によって，地絡電流の方向を判別するのだ．負荷側の地絡事故と判定した場合は，外部波及しないよう開閉器を即時開放する」

「このように，UGSは方向性をもっているから，電源側の地絡事故による不必要動作（もらい事故）も防ぐことができるんだ．UGSから負荷側のケーブルが長くて，充電電流が大きい場合には，特にもらい事故が起きやすいからね」

「また，制御装置用の電源変圧器（VT）もUGSに内蔵されている．よって，制御用電源として，外部電源配線工事をする必要がないのだ．ちなみに以前は，VTは内蔵されていなかったので，キュービクル内の単相変圧器二次側から電源を取り出して，ケーブルでUGSまで配線していたんだ」

「一方，電力会社との責任分界点は，このUGSの一次側にある．このUGSのなかには，絶縁性能に優れたSF_6ガスが封入されているのだ．それゆえに，このようにコンパクト化ができるのだ．万一，ガス圧が低下した場合は，表示装置によって確認ができるようになっているよ」

「うーん．UGSはこの小さな容器だが，PASと同様に重要な役割を果たしているんだな」と，新人は感じ入ったのである．

4 PAS・UGS・高圧ケーブルに関する知恵

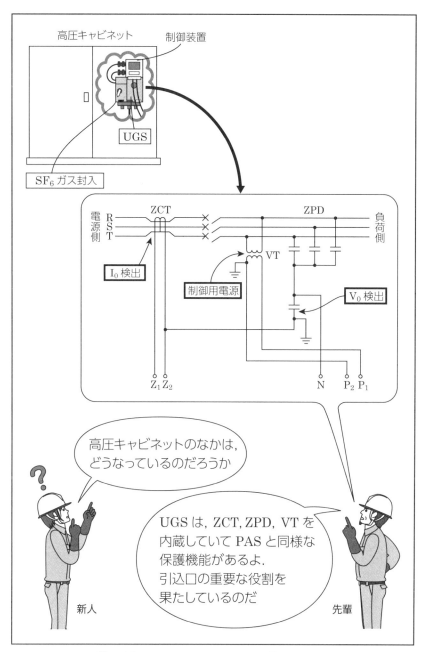

第43図　ZCT・ZPD・VTを内蔵したUGS

第1章 基礎強化・応用発展 編

44

UGSの取付け時には，電力会社の系統切換えが必要である！

　A事業所では，UGSが未設置であった．当事業所の主任技術者であった先輩が盛んに未設置の危険性を指摘していたので，事業所長がやっと重い腰を上げたのである．新人は先輩と，UGS取付けの様子を見つめていた．UGSは引込部の高圧キャビネット（ピラーボックス）内に取り付けるため，全停電で行うことになる．そのため，電力会社からの送電を停止する必要がある．

　「工事の前に電力会社によって，**第44図**の高圧キャビネットの②のモールドディスコンを開放する必要があるが，②の先には需要家B，Cがあるため，②をいきなり開放すると，需要家B，Cが停電してしまう．そのため，電力会社の③の自動多回路開閉器をOFFからONにして，需要家B，Cへは逆方向から送電する．この確認をとってから②を開放する」

　「一方，UGS取付けのためには，引込部の一次側を無電圧にしなければならないので，①を開放する．①の先には，たまたまほかの需要家はないので，これだけの操作でよい．これで①，②を開放したので，一次側には電圧はきていない．この状態でUGSの取付けが始まるのだ」

　「まず，A事業所のモールドディスコンを撤去して，その空間にUGSを取り付ける．UGSの上部にSOG制御装置を取り付け，UGSからの配線をつなぐ．取付けが完了したらUGSの動作試験を行う．完了後，②のモールドディスコンをONにした後，③をONからOFFとし，もとの状態に戻す．次に①のモールドディスコンをONにして完全に復旧する」

　「このように，高圧キャビネットには複数の需要家がかかわっているので，電力会社による系統の切換えが必要となるのである」

　新人は，この複雑な作業をしっかり記憶に留めておこうと，メモと図を描いていたのである．

4 PAS・UGS・高圧ケーブルに関する知恵

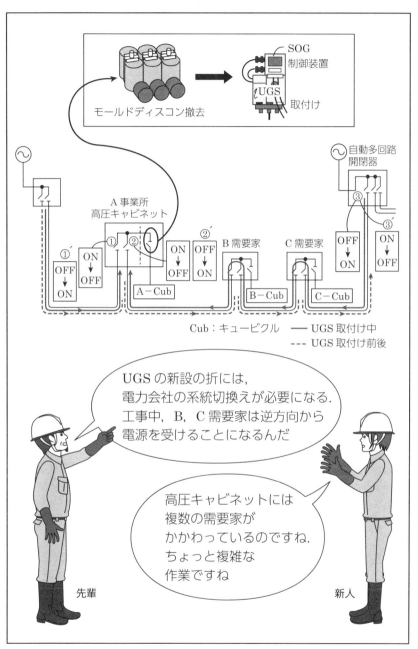

第44図　UGS取付け時に必要な電力会社の系統切換え

45

PASは地絡方向継電器（DGR）の SOG制御機能で保護されている！

「先輩．PASにはSOG制御機能があると聞いたのですが，どんな機能なのですか」

「SOGとは，過電流蓄勢トリップ形（Storage Overcurrent Ground Type）という意味だ．SOG機能のある地絡方向継電器（DGR）は，**第45図**のようにPASの中にあるCTで過電流を，ZCTで地絡電流を検出する．地絡事故のときはトリップの指令を出して，PASを開放させ，配電系統への波及事故を防止しているんだ」

「問題は短絡事故のときなんだ．PASはVCBと違って，短絡電流のような大電流を遮断する能力がないからだ．短絡電流が流れたら，PAS内部の過電流素子が働いてPASの動作をロックするのだ．つまり，需要家の保護装置は働かないから，電力会社変電所の保護装置が作動して配電線は停止することになるのだ」

「それでは，停電の影響が大きいですね」

「ところがそうでもないんだ．電力会社変電所の遮断器が働いて系統が無電圧になると，これを検知してトリップ指令を出してPASを開放する仕組みになっているのだ．DGR内部のコンデンサから，充電された電荷がPASのトリップコイルに放電されて，PASが遮断されるのだ．配電線が停止してからPASが遮断されるまでの時間をSOG時間というが，この時間がわずか1～2秒なんだ」

「引き続いて，配電線では再閉路継電器が働いて，数十秒後には自動送電されるのだ．このとき，事故発生の需要家PASは開放されているから，配電線は支障なく電力供給ができて，他の需要家にはそれほど大きな影響はないんだ．つまり，長時間停電するような波及事故にはならないわけだ」

「うーん．DGRのSOG機能は大切なものなんだな」と，新人は感じたのである．

4 PAS・UGS・高圧ケーブルに関する知恵

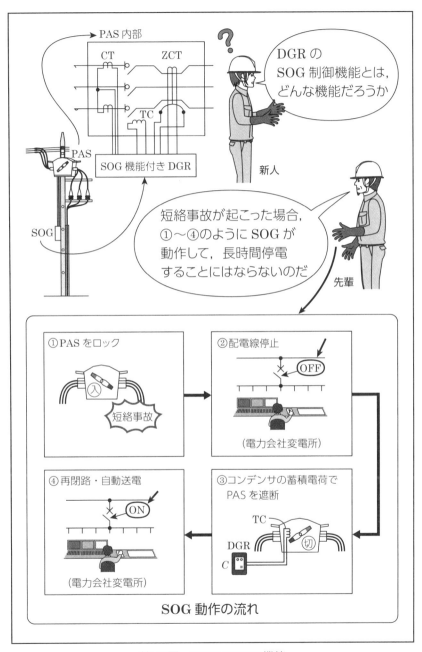

第45図　DGRのSOG機能

46 高圧CVケーブルの水トリー現象を解明する

「先輩．高圧CVケーブルには，水トリーという現象がありましたが，具体的にはどのようにして発生するのですか」

「まず，CVケーブルの劣化要因について説明するよ．ケーブルの劣化が進行して，絶縁破壊に至るまでに起こる現象の要因には，次の4種類があるわ．①熱的劣化，②化学的劣化，③電気的劣化，④吸水劣化があるけど，このなかでも④の吸水劣化が一番の要因ね．ケーブルは一般的に，地中に埋設されるから，地盤の水に影響されるのよ」

「吸水現象は，短時間では問題になることはないけど，長時間水に浸かっていると吸湿して，そこに電界がかかると，樹枝状に水が進展していくの．水トリーとは，その白濁した部分のことをいうのよ」

「水トリーは，**第46図**のように絶縁体中に侵入した水と異物，ボイド，突起などに加わる局部的な電界集中によるものなの．水トリーの形態は，発生する起点によって，内導水トリー，外導水トリー，ボウタイ状水トリーに分けられるわ．内導水トリーと外導水トリーは，内外半導電層に導電性テープを用いた場合によく発生するわ．布テープのケバなどの突起物を起点として発生する．ボウタイトリーは，その形状が蝶ネクタイに似ていることから名付けられたの．絶縁体のボイド，異物を起点として発生するの」

「水トリーは，直径0.1～1μmの無数の水滴の集合体なの．水トリーが発生したケーブルでは，tan δ や直流漏れ電流が増えるから，劣化状況を推定することができるわ」

「ハンドホールのなかでは，ケーブルがどっぷり水に浸かっている場合があるでしょ．こういう状況が長く続くと，水トリー発生確率が高くなるわね」

「ケーブル内部は見えないけど，刻々と劣化が進んでいる場合もあるのですね」

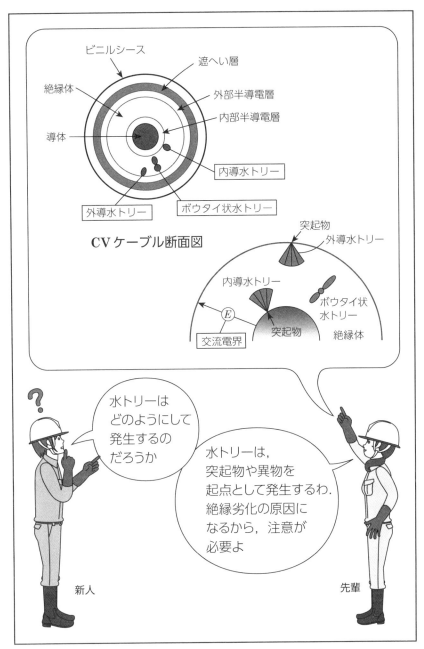

第46図　高圧CVケーブルの水トリー現象

第1章 基礎強化・応用発展 編

47 バックアップ電源は，確実に切り換わることを確認する必要がある！

　月に一度，非常用発電機の無負荷運転を行っているが，果たしてこれだけでいいのだろうかと，新人は疑問に思った．

　「先輩．非常用の発電機は，日ごろ無負荷運転ばかり行っていますが，これだけでいいのでしょうか」

　「いや．そんなことはないよ．非常用発電機は，商用電源が断たれたときに稼働しなければならないから，実際に負荷をかけた実負荷運転をしておくことが必要だよ．今度の高圧定期保安検査の最後に盛り込んでいるから，手順書をみてごらん」

　「はい．調べておきます」

　「実負荷運転には，模擬負荷をかける方法と停電して実際の負荷をかける方法があるんだ．後者のほうが，現実に即しているから，信頼性において勝っているよ．当事業所ではその方法を採用している．ここはデータセンタだから，UPS，サーバや空調負荷も実負荷としてかけておけば，いざというとき安心できるからね」

　「短時間でもいいから，これらの負荷への給電が，商用側から発電機側へ確実に切り換わることを確認しておくことが大切なんだ．サーバなどの負荷は停止できないので，保安検査の機会をとらえて，停電時にUPSによって無瞬断でバックアップできるかどうかを確認する必要があるのだ」

　「一方，非常用発電機の電圧確立後は，発電機からUPSに電源が供給されているかの確認も重要だ．これらが，あらかじめ設定したタイムシーケンスどおりに，行われるかどうかの確認も重要なんだ．発電機からの電源供給が安全になされたことが確認できたら，今度はもとの商用電源へ復帰（切戻し）できるかどうか，確かめなければならない」

　「実負荷運転は大切な意義をもっているのだな」と新人は感じたのである（第47図参照）．

5　発電機に関する知恵

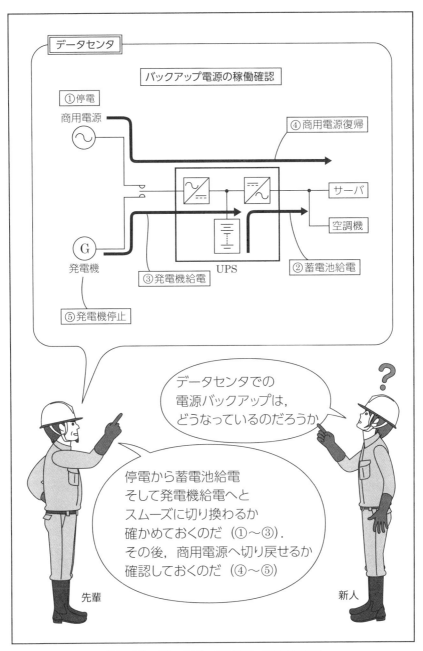

第47図　バックアップ電源への切換確認

48 非常用発電機同期投入のプロセスはこのようになっている！

 定期保安検査時の疑問である．「先輩．商用電源を切った後，しばらくして発電機が稼働しましたね．発電機の同期盤をみていたのですが，回転していたものは何ですか」

 「あれは同期検定器だ．この施設には，発電機（6 kV 1 000 kV・A）が2台あって，両者の同期がとれてから投入するシステムになっている．発電機の同期をとるのに同期検定器を使っているのだ」

 「同期をとるために，後発発電機の電圧，周波数を先発発電機のそれらと一致させるよう，AVR（自動電圧調整器），ガバナ調整器を使っている．同期検定器は，二つの電源の周波数差によって，計器の針が回転するもので，第48図のようになっているんだ」

 「同期検定器の針は，周波数差に比例して回転するのだ．たとえば，1 Hzの差があれば，1秒間に1回転することになる．針が右回り，すなわちFAST側であれば，後発発電機の周波数が先発発電機の周波数よりも高いことを示している．針が左回り，すなわちSLOW側であれば，後発発電機の周波数が先発発電機の周波数より低いことを示している」

 「同期検定器は，周波数差の度合いを示すだけではなく，二つの電源の位相差も同時に示している．周波数差がゼロのとき，つまり二つの電源の周波数が一致したとき，計器の針は中央真上で静止する．これが，位相差がゼロのときである．針が真下を指したとき，位相差が180°あることになるのだ．したがって，周波数が一致しないときは，針は，0〜360°の位相差を示しながら，回転を続けることになるのだ」

 「針は，どの方向に回転していたかな」「右に3回転してから，ゆっくり静止したと思います」「後発発電機の周波数が高かったようだな」「でも，システムがわかりました」

 新人は，先輩の言葉に納得したのである．

5 発電機に関する知恵

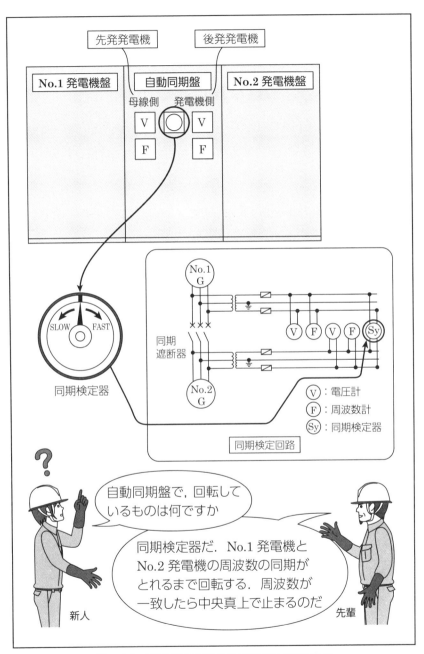

第48図 発電機同期投入に必要な同期検定器

第1章 基礎強化・応用発展 編

49
UPSの中から聞こえる「ピー・シュー」という音はなんだろう？

「先輩．UPSの中から『ピー』とか『シュー』とかいう音が聞こえるのですが，あれは何の音ですか」「『ピー』という音は，IGBTのスイッチング音よ」「IGBT？」「パワーエレクトロニクスの勉強はしたかな」「いえ，すこししかしてません」

「IGBT（Insulated gate bipolar Transistor）は，パワーMOSFETの高速スイッチング，電圧駆動特性とバイポーラトランジスタの大電力特性を兼ね備えたパワーデバイスよ．近年では，あらゆるパワーデバイス応用分野で使用されているよ」

「IGBTは3端子のスイッチング素子で，バイポーラトランジスタと同様に入力信号によって，オン・オフできるわ．このUPSでは，交流を直流に変換するコンバータ部と，直流を交流に変換するインバータ部に使われているよ．IGBTがスイッチング動作をするときに『ピー』という音がするのよ」

「『シュー』という音は，冷却ファンの風切音よ．IGBTなどのトランジスタ素子は，熱を発生するのよ．IGBTの入出力変換に使われるエネルギーは95％程度であって，残りの約5％の電気エネルギーは熱として放散されるのよ．そのほかにスナバ回路からも発熱するよ」

「『スナバ』ってなんですか」

「スナバ回路（Snubber Circuit）は，スナバコンデンサ（Cs）とスナバ抵抗（Rs）から構成されているのよ．スナバ回路は，IGBTのスイッチング時に発生するサージ電圧を抑制するためのものよ．そのときの高周波動作によって，スナバ抵抗（Rs）から発熱するのよ．そんなわけで，IGBTやスナバ回路などの電子デバイスの冷却が必要になるわけよ（第49図参照）」

「そうか．これからの主任技術者は，パワーエレクトロニクスの知識もある程度必要なのだな」と，新人は刺激を受けたのである．

6 UPSに関する知恵

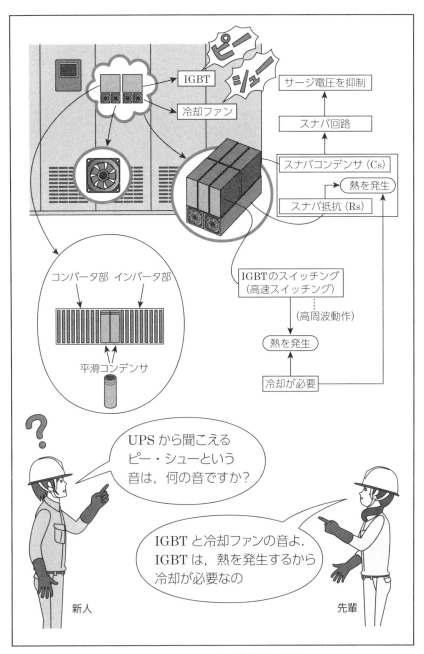

第49図　UPSの音と熱発生の理由

第1章 基礎強化・応用発展 編

50 コンピュータは，UPS（無停電電源装置）でバックアップしている

　新人は先輩とデータセンタの見学にいき，その電源の要である，UPS室へ案内してもらった．先輩が解説を始めた．

　「このキュービクルのような箱体がUPS（無停電電源装置）よ．コンピュータは，瞬時の停電であってもデータが消滅する可能性がある．大切なデータを守るのがUPSよ．UPSは**第50図**のように，整流装置・インバータ・蓄電池から構成されている．通常運転時は，蓄電池を充電しながら，負荷にも電源を供給している．商用電源に停電や瞬時電圧低下があった場合は，蓄電池に蓄えられた電力をインバータを介して負荷に供給する．すなわち，交流を整流装置で直流に，インバータで再び交流に変換している．AC→DC→ACとなっているわけなの．これにより瞬時電圧低下だけでなく，商用電源の電圧変動や周波数変動の影響を受けずに，負荷に安定した交流電力を供給することができるのよ」

　「UPSは連続運転であるため，定期的な点検やメンテナンスにも注意が必要よ．図のように切換スイッチを介してバイパス入力を供給することにより，メンテナンスも無停電で行わなければならないの」

　「先輩，あの「シュー」という音はなんですか」

　「あれは，UPS内部の冷却ファンの音だよ．整流装置やインバータなどの半導体素子は発熱を伴うからね．高温になって誤動作を起こすことがないように，空調機を使って室温を25 ℃前後に保つ必要があるのよ」

　「この施設は大規模だから，非常用発電機とUPSを組み合わせている．停電時には発電機が起動して電圧確立するまで，UPSから供給して，その後は発電機で供給するシステムになっているのよ」

　新人は，UPSの中には，電子機器がぎっしりと詰まっていることを想像しながら，近年の技術動向を垣間見たのである．

6 UPSに関する知恵

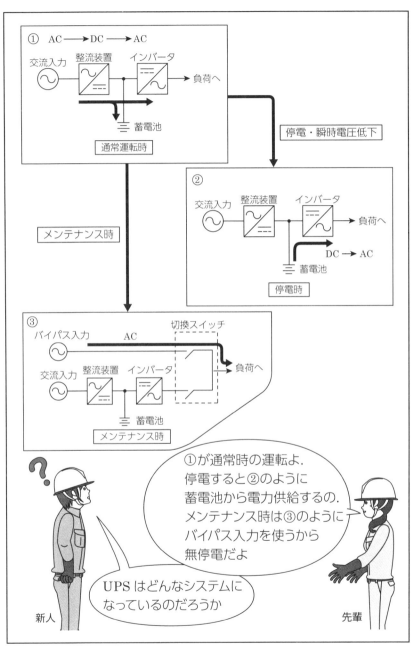

第50図　UPSのシステム構成

第1章 基礎強化・応用発展 編

51

UPS（無停電電源装置）の点検には，バイパスと保守バイパスを使う

「先輩．今日から今週いっぱいUPS点検ですね．立会いの注意点を教えてください」

「そうね．UPSの点検は施工したメーカが行うのが一般的よ．だからメーカは責任をもって行うけど，ここはデータセンタだから，主任技術者にとっては高圧の保安検査と同じくらい大切よ．UPSも自家用電気工作物だからね．細かいことはメーカの方にお願いするとして，点検の基本をいまから言うよ．メンテナンスの体制に入るときと，作業が終わって復旧するときが大切なの」

「第51図のようにメンテナンスに入るときは，まず無瞬断スイッチⒶをバイパスに切り換える．操作パネルのバイパスボタンを押す（バイパスMCCB ⒷがON）ことよ．続いて，操作パネルのUPS停止ボタンを押して，保守バイパスMCCB ⒸをONにする．これでバイパス回路と保守バイパス回路を一時的に並列にして，切換時の安全を確保するのよ．そして，出力MCCB Ⓓを切り離して，バイパスMCCB Ⓑも切り離して，保守バイパスから電源供給することになるの．これが保守バイパス運転で，AC電源から供給となるのよ．この手順を踏んでからUPSの点検が始まるのよ」

「点検が終わると，復旧作業が始まるよ．まずバイパスMCCB ⒷをONとし，次に出力MCCB ⒹをONにして，バイパス回路を生かして，保守バイパスと並列にするのよ．安全対策よ．続いて保守バイパスMCCB ⒸをOFFにして切り離す．次に操作パネルのUPS運転ボタンを押して，UPSを起動する．そして，操作パネルのUPSボタンを押すことによって，無瞬断スイッチⒶをUPS側に切り換えるのよ．これで当初のUPS給電に戻るというわけなの」

「うーん．先輩．すこしむずかしかったですが，切換作業が大変なことは理解できました」

6 UPSに関する知恵

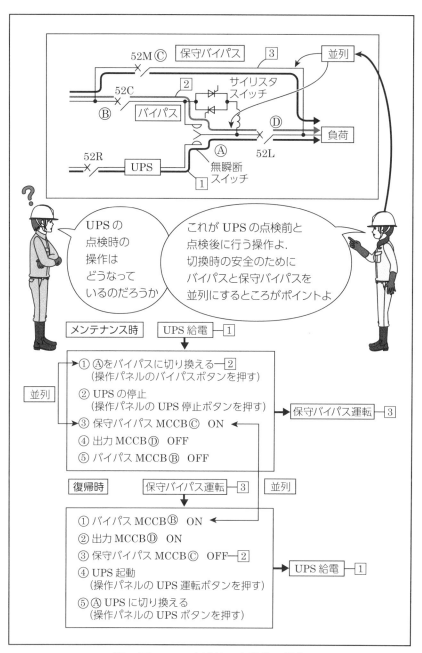

第51図　UPS点検前・点検後の操作

52 UPS点検時のUPS停止前に，保守バイパスに移す！

　「先輩．テーマ51のUPSの停止手順を，詳しく教えてください」「通常2人で行うけど，1人が操作手順書を読みあげて，もう1人が操作を行うのよ．次のようなプロセスになっているよ（第52図参照）．
(1) **負荷状態の操作前確認**
　　出力電圧，出力電流，バイパス電圧，周波数，蓄電池電圧を記録する．
(2) **UPSからバイパスへの切換え**
　　① UPS盤面キースイッチを運転操作側に切り換える
　　② 盤面「バイパス」を押す（バイパスに切り換わる）
　　③ バイパスに負荷が移動したので，電流計で確認する
(3) **UPSを停止して，バイパスから保守バイパスへの切換え**
　　① 盤面LEDでバイパス給電を確認する，② 保守バイパスMCCB（52M）をON（操作ロック），③ LCDで電流の減少を確認する ④ 交流出力MCCB（52L）をOFF，⑤ 盤面「UPS停止」を押す，⑥ 直流入力MCCB（72B）をOFF ⑦ 交流入力MCCB（52R）をOFF，⑧ バイパスMCCB（52C）をOFF，⑨ 盤面「UPS運転」を押す（残留電荷を放電） ⑩ 盤面「UPS停止」を押す（UPS停止）
(4) **入力開放操作**
　　入力側MCCB 301をOFF
　　このような操作でUPSを停止させて電源から切り離し，負荷への電力供給は保守バイパスを通して行う」
　「バイパス回路の横にある2個のサイリスタは，何のためにあるのですか」「サイリスタスイッチ（THY-SW）といって，UPSとバイパスの切換えを瞬時で行うためのものよ．接点が離れる前に，コントロール基盤でTHY-SWにONの指令を出す．切り換わったらOFFする指令を出すシステムとなっているのよ」

6 UPSに関する知恵

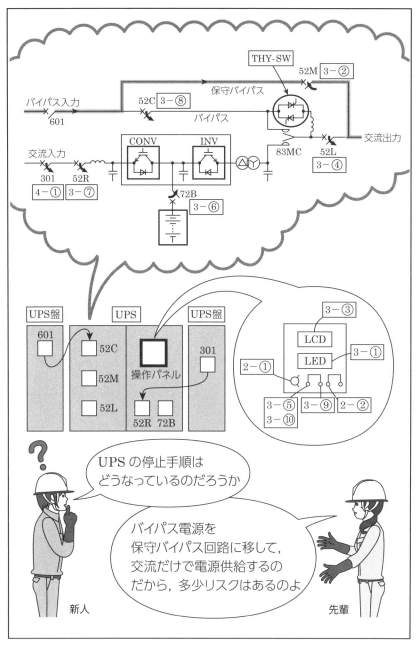

第52図　UPSの停止手順

53

UPS点検後は，保守バイパスを切り離して復旧する！

「では，テーマ51のUPSの復旧手順を，もう少し詳しく説明するよ」「お願いします」「おおむね停止の逆の手順になっているけど，順を追っていくよ（**第53図参照**）．

(1) まず，交流入力の受電
  ① 入力側MCCB301をONとする
  ② 52Rの上位に電圧があることを確認する

(2) 保守バイパスからバイパスへの切換え，UPS運転へ
  ① バイパス入力MCCB（52C）をON，② 交流出力MCCB（52L）をON，③ LCDで電流の増加を確認する
  ④ 保守バイパスMCCB（52M）をOFF

(3) バイパスからUPSへの切換え
  ① 交流入力MCCB（52R）をON，② 盤面「UPS運転」を押す
  ③ 直流入力MCCB（72B）をON
  ④ 盤面「UPS」を押す（バイパスOFF），⑤ 交流入力側に負荷が移動したので，電流計で確認する，⑥ 盤面LEDでUPS給電を確認する，⑦ 負荷側に異常のないことを確認する
  ⑧ UPS盤面キースイッチを操作ロック側に切り換える

(4) 負荷状況の作業後確認
  切換え前と同様に行う．

　切換え時の誤操作で，UPS電源がとぎれてはならないため，操作は慎重に行わなければならないのよ．とても神経を使う作業だわ」
「バイパス回路の横にあるコイルには，どんな役割があるのですか」
「このコイルは，いわゆるリアクトルで，限流の目的で取り付けられている．UPSとバイパスの切換えのとき，二つの電源がラップして大電流が流れるから，その電流を制限するためのものだよ」
「そうか．部品には，それぞれ意味があるのですね」

6 UPSに関する知恵

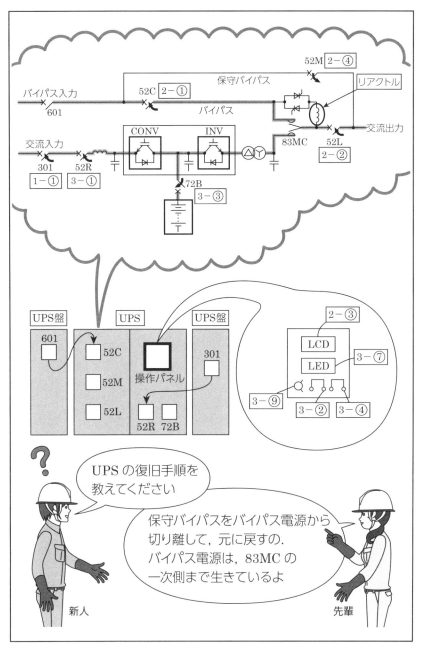

第53図　UPSの復旧手順

54

蓄電池は，UPS の命綱である！

「先輩ー．キュービクルの待機用 UPS 変圧器盤の電流計が大きく振れています．いつもはほとんど振れていないのですが．なにかあったのでしょうか」

「負荷を載せ換えているからよ」「載せ換えってなんですか」

「それは，負荷を賄っている変圧器を入れ換えることよ．UPS の点検のときは，保守バイパスに切り換えることは，前に説明したよね．待機用 UPS というのは，共通予備 UPS のことで，今日は No.2 UPS の蓄電池交換をしているから，第54図のように，その負荷が待機用 UPS 変圧器に移動しているのよ」

「そうか．先輩に教えてもらったのに，うっかりしていました」

「いい機会だから，蓄電池交換の様子をみにいく？」「はい」

「蓄電池は 60 個のかたまりが二つあって，並列になっている．蓄電池 1 個は 3 セルで，1 セル 2.23 V だから，出力は約 400 V になるよ．だけど，この蓄電池は 10 分間しかもたないの．もっと時間をもたせるには，膨大な量の蓄電池が必要になるわ．そこで通常は，発電機でバックアップしているの」

「UPS には，停電の瞬時のバックアップとしての役割があって，発電機は立ち上がるのに時間がかかるから，それまでのつなぎのようなものよ．UPS のバッテリーを増やすことは可能だけど，広いスペースが必要になるし，コストも高いものになるからね．しかも，蓄電池の寿命は 7 年くらいだから，更新の費用もばかにならないよ．寿命が近づくと，出力電圧が低下したり，内部抵抗が増加したりするから，定期点検時に計測しているけどね．だけど，UPS にはなくてはならないもので，命綱のようなものだからね」

新人は，UPS の内部にある蓄電池の存在について，認識を新たにしたのである．

6 UPSに関する知恵

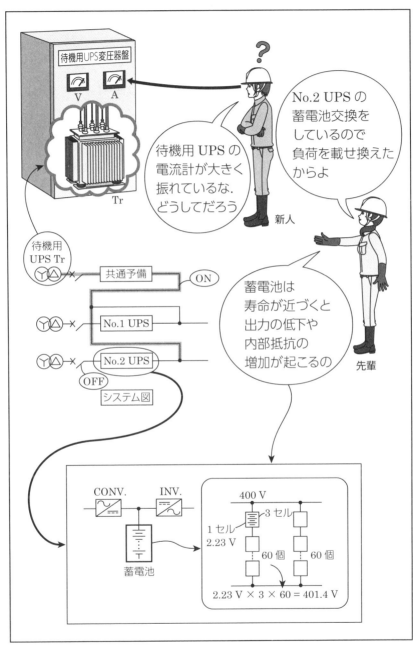

第54図　蓄電池はUPSの命綱

55 大容量UPSに付属する空調機にもバックアップが必要である！

　近年の高度情報化社会においては，コンピュータのデータバックアップは不可欠である．特にデータセンタにおける主任技術者の使命は，一般電源はもとより，まさにこのデータを守ることに尽きる感がある．

　停電発生時，コンピュータのデータバックアップといえば，現在ではUPS（無停電電源装置）が一般化している．しかし，このUPSがバックアップできる時間は，一般的に10分から20分である．したがって，停電時間がこれ以上に長引くと対応できない．そのため重要施設では，そのさらなるバックアップとして，発電機設備を備えることが多い．通常，発電機の立上り時間は，40秒以内であるが，複数の発電機を同期させる場合は，電圧確立までにもうすこし時間がかかる．

　一方，近年のUPSはIGBT（Insulated Gate Bipolar Transistor）を採用している場合が多い．高速スイッチングで，大電流特性を兼ね備えた優れたパワーデバイスである．IGBTには，このような特長があるが，その発熱量が大きく，性能維持のためには，専用の空調機が必要となる．通常，IGBTを含むUPSの周囲温度は，25℃に保つことが要求される．

　商用電源において停電が発生した場合に，この空調機の電源も一時喪失するため，空調の運転も停止する．コンピュータの電源バックアップをしていても，コンピュータルームの空調設備に対するバックアップまでも配慮しておかないと，コンピュータルーム内の室温上昇によるコンピュータの緊急停止にいたる可能性があるため，注意が必要である．UPSも空調機も発電機でバックアップしておかなければならない（**第55図**参照）．

　私は，データセンタの主任技術者を務めた経験があるが，大切なことは，定期保安検査時に，発電機によるUPSおよび空調機の切換え運転確認をしておくことである．

6 UPSに関する知恵

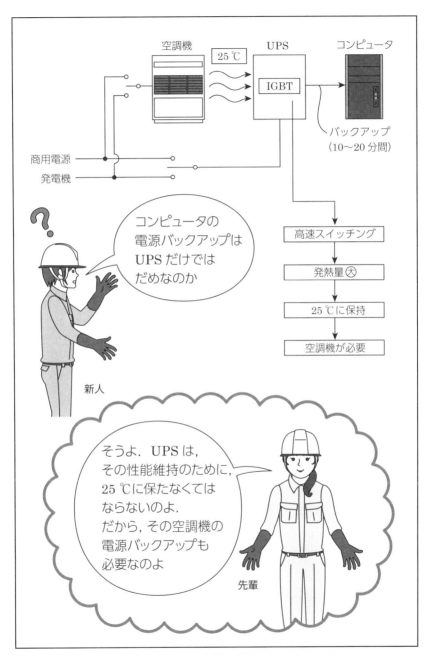

第55図　UPS・空調機の電源バックアップ

第1章 基礎強化・応用発展 編

56 共通予備UPS変圧器は，電源載せ換えの役割を果たしている！

「先輩．9階キュービクルのUPS用変圧器（No. 1～4）は，高圧2回線で給電されているのはわかりますが，UPSは止められないから，変圧器は稼働しっぱなしで，その点検ができないのではないでしょうか」

「素朴な疑問だね．9階キュービクルだけをみていると，たしかにわからないね．このキュービクルからは，6階のUPS室へ配線されているのよ．では，6階のUPS室へ行ってみようか」「はい」

「ここに電源系統図があるから，これをみながら説明するね．UPS用変圧器の後にUPSがあって，UPSの二次側には，サーバがあるね．UPSの点検をするときは，バイパス回路を使うのだったね（テーマ51参照）．バイパス回路の電源側には，待機用UPSがあるよ．その先には待機用UPS変圧器があるね」

「先輩．待機用UPS変圧器って何ですか」

「共通予備UPS変圧器のことよ．UPS用変圧器（No. 1～4）の隣にある変圧器よ．次から共通予備というわ．共通予備UPSと共通予備UPS変圧器は，通常は充電されているだけで，負荷はかかっていないのよ」

「そうか．そういえば待機用UPS変圧器という名称の変圧器があったな．なにに使う変圧器かと思っていました．充電されていたから，電流計がすこし振れていたのですね」

「つまり，UPS点検の際は，そのバイパス電源を共通予備UPSからとり，その電源は共通予備UPS変圧器から供給しているというわけなのよ．こうすれば，UPSとその電源となる変圧器は，無負荷になるから点検が可能になるわけよ（**第56図参照**）」

「そうか．負荷を載せ換えるために，予備の変圧器があると考えればいいのですね」「そうよ．わかったかな」「はい」

新人は，先輩の説明に納得し，疑問が解けたのである．

6 UPSに関する知恵

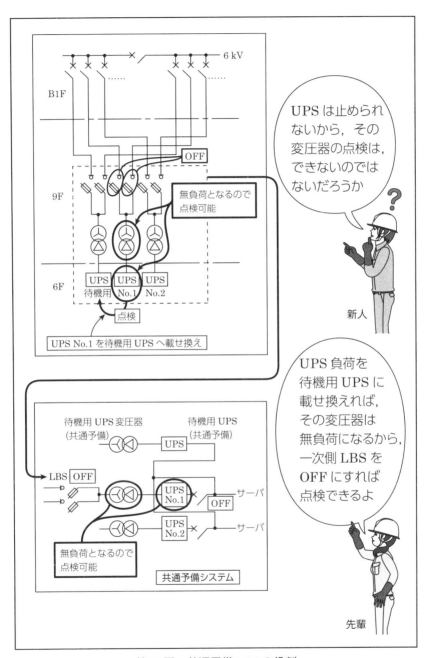

第56図　共通予備UPSの役割

第1章 基礎強化・応用発展 編

57

契約電力はデマンドタイム30分間で決まる！

　新人は先輩の話を聴いていた．

　某歯ブラシ製造工場で，電力コストを下げた話である．先輩が，事業所長から相談を受けて，アドバイスをしたときのことである．

　「わが社でも電力コストを削減したいのですが，何かよい方法はありませんか．」この工場は，契約電力220 kWの実量制契約である．デマンド監視装置も具備されている．

　「まず，ピーク電力がどんなときに出ているか，調査するとよいと思います．契約電力はデマンドタイム30分間で決まりますから，その30分間でなるべくピークを出さないようにするのがコツです．負荷はなるべく平準化することが大切なのです」

　「そうですか．この工場にはいくつもの作業工程がありますから，探すのはむずかしいですが，やってみます」

　そうこうするうちに，事業所長から連絡が入った．デマンド警報が鳴るときの工程を調べたら，あることに気づいたようだ．

　「歯ブラシのパッケージケース製造機があるのですが，警報はこの機器が動いているときに鳴っていることがわかったのです．この工程の時間帯は不定期で，ピークと重なる時間でも稼働していたようです」

　「その工程を別な時間帯にシフトすることはできますか．たとえば夜間に」「早速，現場の工程を調整して検討してみます」

　しばらくして，所長から結果の知らせがあった．「17時以降には大きなピークはないので，この時間帯に作業をシフトすることにしました．しばらくこれで様子をみます」

　数か月後に連絡があって，「やはり，この工程が原因でした．おかげさまで契約電力が35 kW下がって基本料金も削減できました（**第57図参照**）」

　新人は，先輩の電力コスト削減のやり方に興味を抱き始めたのである．

7 計器・計測器に関する知恵

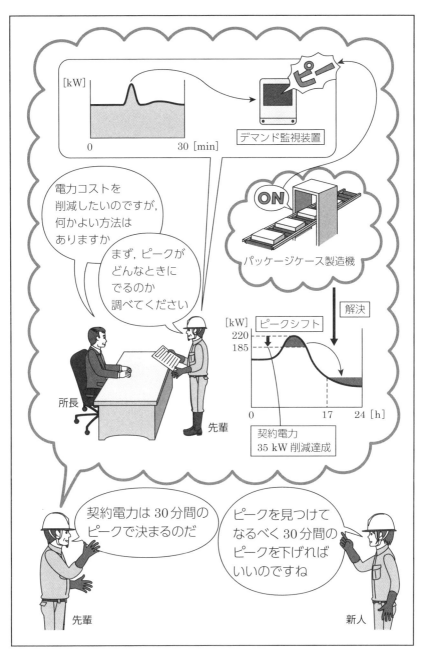

第57図 ピークシフトで契約電力削減

58 接地抵抗値が規定値より高いときには，このような対処法がある！

　新人主任技術者は現場で困った．定期保安検査で，接地抵抗測定を行ったところ，規定値を上回っていたからである．"どうしたらいいのだろう．そうだ．先輩に聞いてみよう"
　「先輩．こんなときはどうすればいいのですか」
　「接地抵抗の低減には二つの方法がある．一つは物理的低減法だ．接地極の寸法を拡大すればよい．抵抗値は接地極の長さに逆比例するから，長くすれば抵抗値は小さくなり，同時に接触抵抗も小さくなる」
　「また，接地極を並列に接続するのもよい．第58図のように，R_1とR_2の抵抗を並列に接続した場合の合成抵抗は，
$$R = R_1 R_2 / (R_1 + R_2)$$
となって，R_1とR_2が同じ抵抗値であれば，その合成抵抗値はもとの1/2となる．しかし，現実には，接地抵抗はこの計算より大きくなり，次のように合成抵抗値にある係数を乗じた値になる．この係数を集合係数という．
$$R' = \eta \cdot R_1 R_2 / (R_1 + R_2) \quad (\eta：集合係数)$$
この集合係数は，接地極の設置される条件，特に接地極相互間の離隔距離に大きく影響される．この距離が近いほど大きな値となり，遠いほど小さい値となる」
　「もう一つの方法は，化学的低減法だ．接地極の周りに接地抵抗低減剤をまいて，化学的処理によって疑似電極を形成させて，接地極の見かけ上の表面積を大きくして接地抵抗値を低減させる．ただ，土壌中の低減剤は，長い期間のうちに乾燥と湿潤を繰り返しながら，導電性を失うものである．低減効果に永続性はあるが，永久不変のものではないことを認識しておかなければならないよ」
　新人主任技術者は，先輩の話を参考にしながら，改善方法を思いめぐらせたのである．

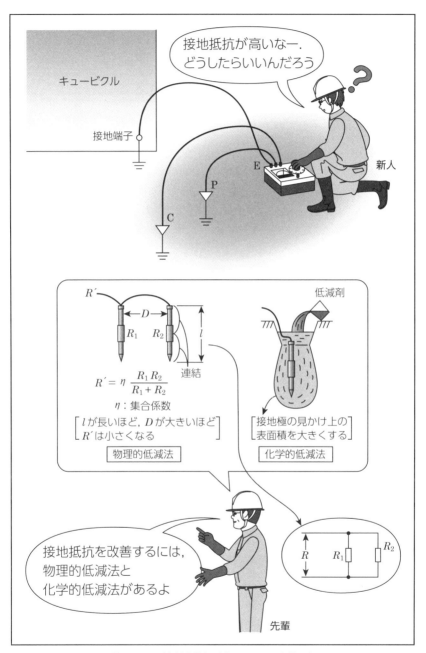

第58図　接地抵抗が高いときの対処法

59 自動力率調整器を導入すれば，こんなメリットがある！

　高圧コンデンサの定格容量が300 kvarを超過した場合は，2群以上に分割するのが一般的である．投入するコンデンサ容量を変化させることができるからである．**第59図**のように高圧コンデンサの一次側に，真空電磁接触器（VMC）を設置して開閉することにより行う．この制御のために自動力率調整器を設置する．この力率改善方法には，①時間による制御（タイマ制御方式），②力率による制御，③無効電力制御があるが，②が一般的である．

　自動力率調整器の導入のメリットは，次のとおりである．

① 電気料金が力率割引により低減できる

　基本料金には力率85％を基準にして，これを上回れば料金が割引され，下回れば料金が割増しされる力率料金制度がある．自動力率調整器を用いて力率改善を行えば，電気料金を低減できる．

② 電力損失の軽減による省エネを図ることができる

　力率が改善されると負荷電流が小さくなり，変圧器・配電線などの電力損失が軽減され省エネになる．ただし，この省エネは電力会社に寄与するものである．

③ 夜間の力率の進みすぎを防止できる

　コンデンサをつなぎっ放しにすると，夜間などの軽負荷時に力率が進みすぎになる．力率の進みすぎは，電圧上昇をまねいて機器の寿命に影響を与える．自動力率調整器は，自動的に必要以上のコンデンサを遮断して，力率の進みすぎを防止する．これにより，夜間などの軽負荷時の電圧上昇を防止する．

④ 力率調整を自動的に正確に行い，省力化ができる

　一度設定しておくだけで，自動的にコンデンサの投入・遮断を行うため，力率調整に要する人手を省くことができる．また，力率調整を正確に行うことができる．

7 計器・計測器に関する知恵

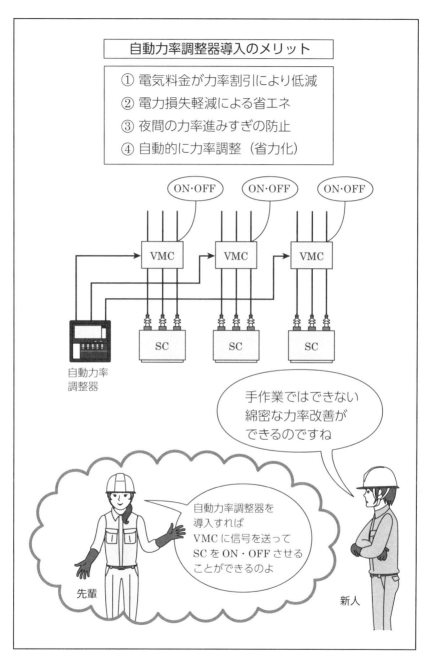

第59図　自動力率調整器導入のメリット

60
変流器（CT）の二次側を開放すると，こんな現象が起きる！

「先輩．OCR試験のとき，CTの二次側を開放するといけないと聞きましたが，どうしてですか」

「通常の使用状態では，CTの二次側にはOCRが接続されていて，二次側は閉じられているよ．一次電流による起磁力は，二次電流による起磁力によってほとんど打ち消されているのよ」

「ここで，二次側が開放されると，一次電流は変わらないのに，これを打ち消す二次電流がゼロになってしまうわ．一次電流のすべてが励磁電流となって，磁束は非常に大きくなって，磁気飽和してしまうの．磁気飽和を超えて磁束は上昇しないから，**第60図**のように方形波になるの．一次電流がゼロの点で磁束は急変するのよ」

「磁束を$\varPhi$ [Wb]，二次側コイルの巻数をN_2，時間をt [s]とすると，二次側に発生する電圧E_2 [V]は，電磁誘導の法則から

$$E_2 = N_2 \frac{\mathrm{d}\varPhi}{\mathrm{d}t}$$

となるよ．上式から，磁束変化率が大きいと，CT二次側に高電圧が発生することがわかるよね．この電圧は，磁束が変化するときにだけ発生するから，図のように，電流の向きが変わるとき，パルス状の尖鋭（せんえい）な波形になるよ」

「こんな鋭い電圧がかかるのですか」

「そうよ．CT二次側を開放すると高電圧が発生して，CTが絶縁破壊するおそれがあるのよ．その場合，極端な磁気飽和状態で使用することになるから，鉄損が増加して鉄心が過熱してしまうわ．だから，CTの二次側は開放してはいけないのよ」

「うーん．CTの二次側を開放すると，そんな高電圧が発生するのか．OCR試験では気をつけないといけないな」と，新人はその意味合いを理解したのである．

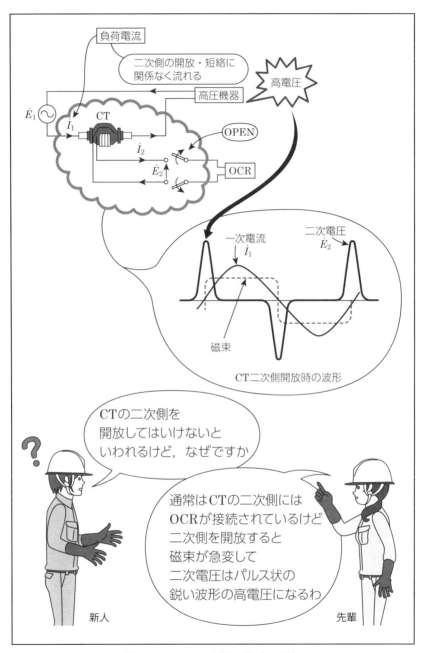

第60図　CT二次側開放時の現象

第1章　基礎強化・応用発展 編

61

過電流が流れたとき，OCR 内の b 接点が開放して VCB を引き外す！

　新人は，先日の定期保安検査でOCRの試験を実施した．VCBとの連動試験で，どのようにしてVCBが作動するのか疑問に思ったので，先輩に質問した．

　「先輩．OCRによるVCBの引外しのシステムは，どのようになっているのですか」

　「このOCRは，変流器二次電流引外し方式よ．この方式は，事故時や試験時に変流器（CT）の二次電流で，VCBのトリップコイル（TC）を励磁して，VCBをトリップさせるのよ．一般的には，電流トリップといわれていて，受変電設備で一般的に使用されているわ」

　「第61図のように平常時は，OCR内のb接点が閉じているから，VCBのトリップコイルには電流は流れないの．事故時や試験時には，リレーの限時要素が作動して，そのb接点が開くのよ．b接点が開放されると，図のように電流が流れるの．それで，VCBのトリップコイルが励磁されて，VCBを引き外すというシステムになっているのよ．リレーにその働きをさせるためには，励磁されたとき接点が開く，b接点が必要になるわけなの．a接点ではないことに注意が必要よ」

　「なるほど．リレーのb接点の働きがキーポイントなのですね」

　「事故時に，短絡電流によって過大な電流が流れたときは，OCR内のリレーの瞬時要素が限時要素より早く作動するのよ．この場合もOCRのb接点が開放して事故電流のCT二次側電流を流すのよ．トリップ回路には過大な電流が流れることになるから，b接点が損傷することもあるわ．だから瞬時要素で動作した場合は停電して，b接点の導通があるかどうか，テスタで調べる必要があるのよ」

　新人は，先輩の詳細な説明を聞いて，OCRとVCBの連動動作を理解したのである．「これは重要なことだからノートに整理しておかなければならないな．」

7 計器・計測器に関する知恵

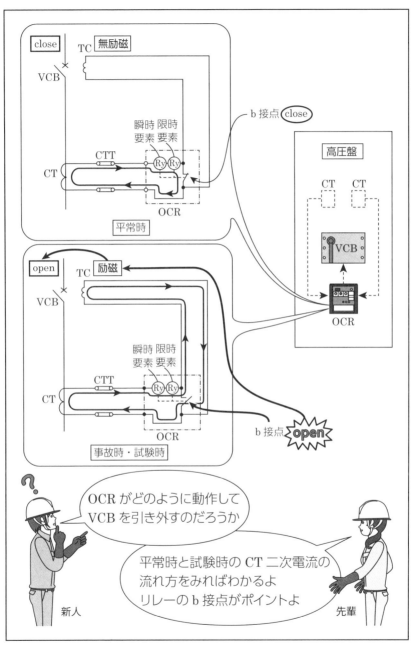

第61図　OCRによるVCB引外しシステム

第1章 基礎強化・応用発展 編

62

受電盤の地絡継電器（GR）が不用になっているが，いいのかな？

　新人は日常巡視点検をしていて，受電盤の地絡継電器（GR）が不用となっているのに気づいた．「先輩．このキュービクルには，地絡保護はないのですか？」

　「あるよ．ここは，引込1号柱にPASがなかったので，3年前に取り付けたんだ．そのとき，地絡方向継電器（DGR）も一緒に付けているよ」

　「なぜ，受電盤のGRはいらないのですか」

　「引込部に付けたGRは，方向性をもった地絡継電器（DGR）だ．受電盤のGRは無方向性だ．DGRは零相電圧と零相電流を検出して，その位相が規定の領域になったとき動作する．規定領域外では不動作だ．そういうわけで，もらい事故や外部波及事故を防ぐことができる．GRは零相電流だけを検出して動作する．つまり，引込部に付けたDGRのほうがGRより高機能であって，引込部から受電盤まで保護範囲に入っているから，受電盤のGRは不用なのだ」

　「現在のPASは，DGRを具備しているものがほとんどだが，下方にGRがあると，その動作時間の協調をとるのがむずかしいので，一般的には二重設置はしないのだ．したがって，上方のDGRを付けたら，下方にあるGRはトリップ配線のみ外しているのだ」

　「一方，現在のPASは，制御電源としてVT（計器用変圧器）を内蔵しているものが標準品となっているが，以前は，制御電源を単相変圧器二次側から供給していたんだ．その場合，GRが二重に付いていると，地絡事故があったとき問題が発生するんだ．GR付きPASより先に受電盤GRが動作した場合，VCBが開放されてGR付きPASの制御電源がなくなって，PASが動作しないおそれがある．VT内蔵であっても，この動作協調をとるのは一般的に困難なので，二重設置は避けているのだ（第62図参照）」

7 計器・計測器に関する知恵

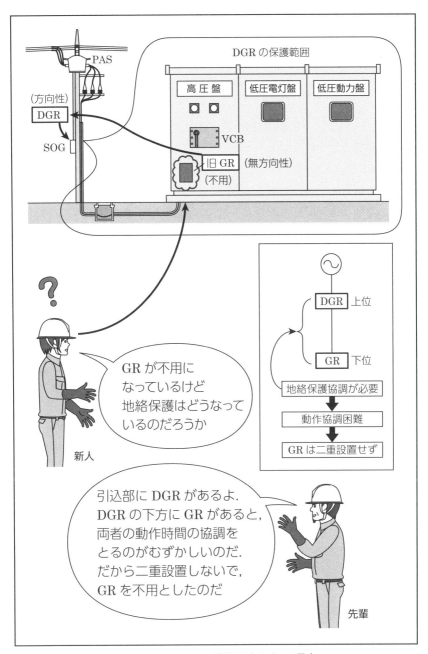

第62図　GRの二重設置をしない理由

第1章 基礎強化・応用発展 編

63

日常の絶縁抵抗管理は，漏れ電流測定で代替できる！

「先輩．なにしているのですか」新人は，先輩の見慣れない状況に疑問を抱いた．「漏れ電流を測定しているんだ」

「漏れ電流って，そんなところで測定できるのですか」

「これは，変圧器のB種接地線だ．このリーククランプメータで測定できるよ．**第63図**のように，たとえば負荷である電動機のD種接地（E_D）に漏れた電流が，大地を通してこのB種接地（E_B）からB種接地線へ流れているんだ．この電流値は通常，mAオーダーだが，漏れ電流を測定すれば，絶縁抵抗値がどのくらいであるかの目安になるんだ．この変圧器には，複数台の電動機が接続されているから，各電動機の漏れ電流の総和ということになるわけだ」

「なるほど，こんな方法もあるのですね」

「漏れ電流の値が大きい場合は，各フィーダをそれぞれ測定していくことになる．絶縁抵抗測定で，負荷の末端まで追っていくのと同じようにね．漏れ電流の管理値の目安は，30 mAくらいだ．この値を超えたら注意が必要だ．しかし近年は，電子機器やインバータの増加で対地静電容量が大きくなって，静電容量による漏れ電流が増加しているので，漏れ電流が静電容量によるものか，絶縁不良によるものか判断しづらい場面も出てくる」

「前回測定値が3 mAで，今回が20 mAになったような場合は調べる必要がある．要するに，電流値のトレンド管理が大切なのだ．ここでは，各変圧器には漏電警報器が付いているので，設定値を超えると警報が鳴るからわかるけどね．毎日測定するに越したことはないけど，月に1〜2回程度でいいと思うよ」

「では次回，僕にもやらせてください」

「すぐ近くに充電部があるから，十分注意するんだぞ」「はい．わかりました」

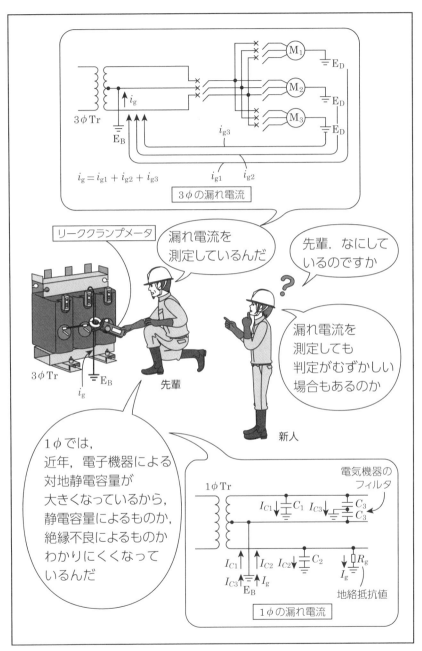

第63図　漏れ電流の測定

第1章 基礎強化・応用発展 編

64

ZPD（零相電圧検出器）は，DGRで位相判別するためにある！

　新人は日常巡視点検をしていたとき，不思議なものを見つけた．キュービクルを開けると，茶色のがいしのようなものが三つ並んでいたのである．

「先輩．この三つのものはなんですか」

「ああ．それはZPDだよ．零相電圧検出器というものよ．ZCT（零相変流器）と組み合わせて，DGR（地絡方向継電器）を働かせるものよ．ZPDの出力である零相電圧を基準として，地絡電流の位相をDGRで判別して位相判別をおこなうの」

「地絡事故がZCTより電源側か負荷側かを判別するためには，地絡電流のほかに零相基準電圧が必要になるのよ．DGRは，ZCTで検出された電流（I_0）の位相をZPDで検出された電圧（V_0）と比較して，需要家構内の地絡事故または配電系統の地絡事故のどちらであるかを判定するの」

「たとえば，**第64図**のように需要家Aの構内のケーブルが長く，対地静電容量が大きい場合，需要家Aの地絡電流は需要家BのZCTを逆向きに流れる．これが，もらい事故であるが，逆向きの電流検出の信号を受けたDGRが動作して，これを阻止するのよ」

「なるほど，すこしわかりました．ところで，この変電所には，DGRがいくつも付いていますが，どうしてですか」

「この施設には，主遮断器から複数のフィーダが出ているけど，それぞれのフィーダにDGRに付けているわけで，地絡事故があった場合も，1フィーダのみで食い止めるようにしているのよ．事故を最小限にとどめるよう，安全対策を施しているの」

「うーん．ZPDはキュービクル内にひっそりと存在しているけど，DGRを働かせるベースとなる大切なものなんだ．あの茶色のがいしの中身の構造が知りたい」と，新人は思ったのである．

7 計器・計測器に関する知恵

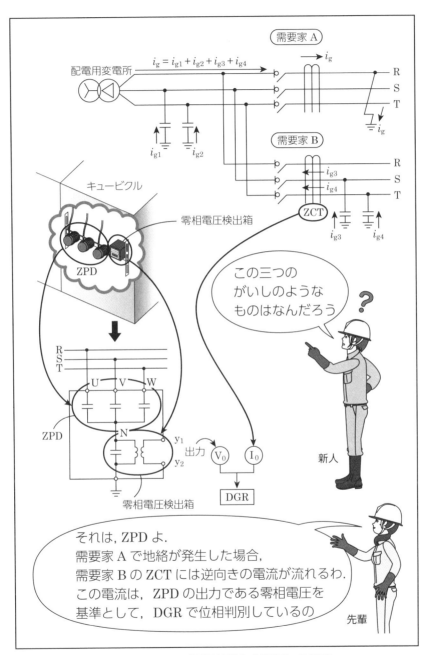

第64図　ZPD（零相基準入力装置）の役割

65 絶縁常時監視装置は，漏れ電流を監視して異常時に警報を出す！

　新人は先輩に小規模キュービクル施設を案内してもらった．先輩がキュービクルの低圧盤を開けたとき，みたこともないものを発見したので質問した．「先輩，その箱のようなものはなんですか？」

　「ああ，これは絶縁常時監視装置だ．変圧器の漏れ電流を計測して，既定値を超えたら警報を出すんだ．その警報を電波を通じて，管理している主任技術者がキャッチできるシステムとなっている」

　「漏れ電流はどこで計測しているのですか？」

　「その横をみてごらん．変圧器の接地線（緑）がCTを貫通しているだろう．接地線に流れる漏れ電流をCTで検出しているんだ．原理は漏電リレー（ELR）と同じで，その応用だ」

　「以前から絶縁状態の管理のために，絶縁抵抗測定が行われているけど，近年はIT社会の到来で，停電して絶縁抵抗測定を行うのがむずかしくなってきたんだ．それに代わって日常巡視点検では，漏れ電流による管理手法が取り入れられている．主任技術者を外部委託している施設の多くは，この絶縁常時監視装置を取り付けて，24時間の監視体制としているのだ．異常があったときは，すぐに駆けつけることができるからだ」

　「電気設備技術基準・解釈第14条では，絶縁抵抗測定が困難な場合においては，当該電路の使用電圧が加わった状態における漏えい電流が，1 mA以下であることとなっている．しかし，日常巡視点検での漏れ電流測定は，変圧器のB種接地線で一括測定のため，複数の回路の対地静電容量を通じての漏れ電流が合成されるため，通常は数mA～10 mA程度は流れることが多いのだ．したがって，漏れ電流の傾向を調べて，異常に増加しているような場合には，各回路の漏れ電流を計測して，不良箇所を特定しなければならない」

　「うーん．先輩，この装置はすぐれものですね（**第65図参照**）」

7　計器・計測器に関する知恵

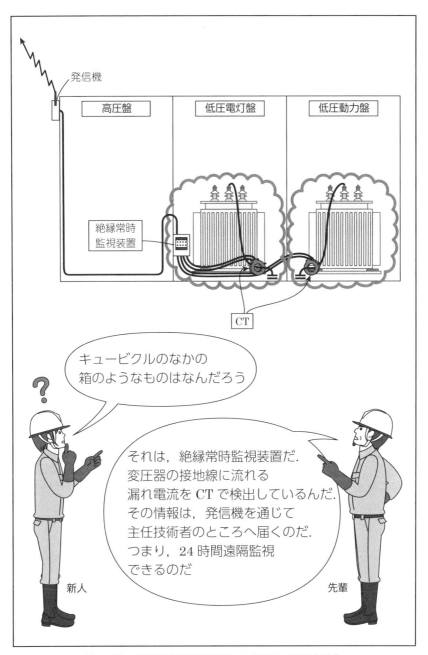

第65図　低圧絶縁監視装置による漏れ電流の監視

第1章　基礎強化・応用発展 編

66

瞬時電圧低下・瞬時停電は，データセンタには脅威である！

「先輩．いま，照明が一瞬消えませんでしたか」「そうね」
「あれは，何が原因なのですか」
「あれは瞬時電圧低下，略して『瞬低』というものよ．原因は，電力系統への落雷によるものが多いの．落雷による1線地絡事故などは，保護リレーで検出して，遮断器を高速で開放して切り離しているわ．しかし，それまでの間，事故点を中心に広範囲において電圧が低下することになるのよ」
「系統の異常で起こる瞬時停電，略して『瞬停』というのもあるわ．この場合は，電源電圧がいったん0Vになるのよ」
「送電線事故の大半は，雷による1線地絡事故によるものなの．故障区間をいったん系統から切り離すとアークは消滅して，その後に送電を再開すれば，異常なく送電を継続できる場合が多いのよ．送電線の再閉路は，この特性を利用して，事故送電線をできるかぎり速やかに自動復旧させて，電力供給の安定性を損なわないようにしたものなの」
「近年の電気設備・制御装置は，コンピュータ化・電子化されたものが多く，高度で複雑化しているわ．瞬低や瞬停が起こった場合は，企業の生産活動において多大な影響が出るから，できれば避けたいものよ．しかし，瞬低は自然現象によって発生することが多いから，これを皆無にすることは不可能なの．だから，需要家側で対策を講じなければならないことになるのよ」
「ちなみにこのデータセンタでは，その対策として，UPS（無停電電源装置）を備えているよ．瞬低や瞬停が起こると，蓄電池に蓄えられた直流エネルギーがインバータを介して瞬時にサーバへ供給されるようになっているのよ（第66図参照）」
「データセンタでは，UPSは不可欠なものなんだな」と，新人は感じたのである．

8　変電所等全般に関する知恵

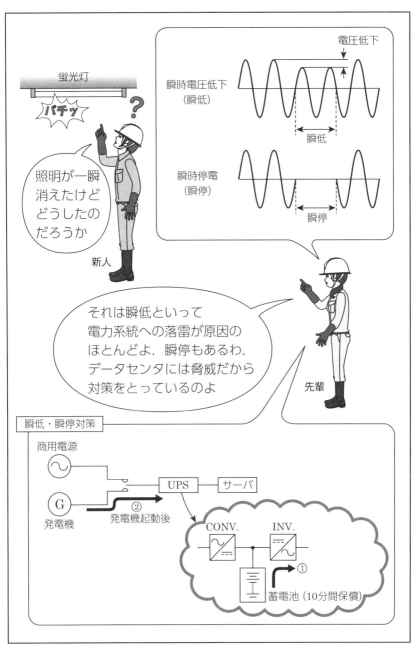

第66図　瞬時電圧低下と瞬時停電対策

67

電気管理技術者には，電力料金システムの理解も必要である！

　先輩から電力料金システムについて話があった．
　「電気管理技術者は，電力料金のことについても知っておく必要がある．事業所は経営上，当然支出は抑えたい．われわれも事業所の一員であるから，その趣旨にのっとって，経営の合理化を図る必要がある．電力料金を抑えるためには，その前提として，料金システムを理解しておかなければならないのだ」
　「まず，自分の管理している事業所の契約電力を把握することだ．500 kW 未満と 500 kW 以上では，考え方が変わってくるからな」
　「契約電力が 500 kW 未満の場合は，実量制契約で，各月の契約電力は最大電力によって決定される．1か月の最大電力とその前11か月の最大電力のうち，一番大きな値に自動的に変更されるよ．すなわち，契約電力は変動する．一方，契約電力が 500 kW 以上の場合は，協議契約といって，事業所と電力会社との協議によって決定される．契約電力は一定である」
　「いずれの場合も電力料金の算出式は同じで，次のようになっている．
① 基本料金＋② 電力量料金
① 基本料金＝基本料金単価[円/kW]× 契約電力[kW]
　　　　　　×{1−(力率−0.85)}
　基本料金は，最大15％までの力率割引があるから，力率管理は大切である．
② 電力量料金＝電力量料金単価[円/(kW·h)] × 使用電力量[kW·h]
　電力量料金単価は，7月〜9月の期間においては，夏季料金が適用される」
　「基本料金については，デマンド管理を徹底して契約電力を低減するように努める．また，電力量料金については，省エネの工夫によって使用電力量を減らすことだ（**第67図参照**）」

8 変電所等全般に関する知恵

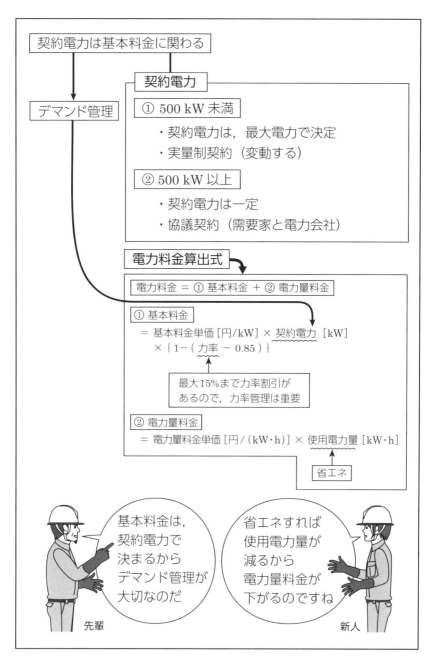

第67図　電気料金システム

第1章 基礎強化・応用発展 編

68

保安検査手順書や日常巡視点検記録は，日々改善していくべきである！

　先輩から定期保安検査の手順書や日常巡視点検記録に関する話があった．

　「当事業所では，定期保安検査が終わった後，反省会を行っているが，そこで出された意見で，よいものは手順書に反映しているんだよ．たとえば，このデータセンタには，地下に主変電所，9階にサブ変電所があって，連絡をとりながら作業を実施している．手順書では，地下で短絡接地器具を取り付けてから，9階に短絡接地器具を取り付けるようになっていたが，これは，同時並行作業でも安全上問題はない．ここの保安検査は，早朝から夜間まで長時間にわたるから，この時間短縮案は満場一致で同意を得たんだ」

　「また，9階の停復電処理スイッチ（VCBの手動・自動切換スイッチ）は，復帰を忘れることがあるから，手順書の冒頭に確認の旨を明記したんだよ．手順書は，最初にだれかがつくったものであり，手探りで作成したものと思われる．したがって，完璧なものではないのであり，随時見直しをかけていく必要があるのだ」

　「また，長い手順書をみていると，いま現在，どこをやっているのか，わかりづらくなってしまうときがある．そこで私は，手順書の要所要所に見出しをつけて，キーワードを入れるよう提案したわけだよ」

　「日常巡視点検においてもしかりであり，必要なものは追加し，不要なものは削除して，バージョンアップを図っていくべきだ．私が追加したのは，高圧コンデンサの入切状態，つまり複数のコンデンサの稼働状況の把握だ．変圧器の需要率欄も設けた．負荷状況が一目でわかるからね．日常巡視点検の電流値と定格電流値からエクセル計算させるのだ」

　新人は，「なるほど，手順書や日常巡視点検記録も進化させていくことが必要なのか」と，話に聞き入っていたのである（第68図参照）．

8 　変電所等全般に関する知恵

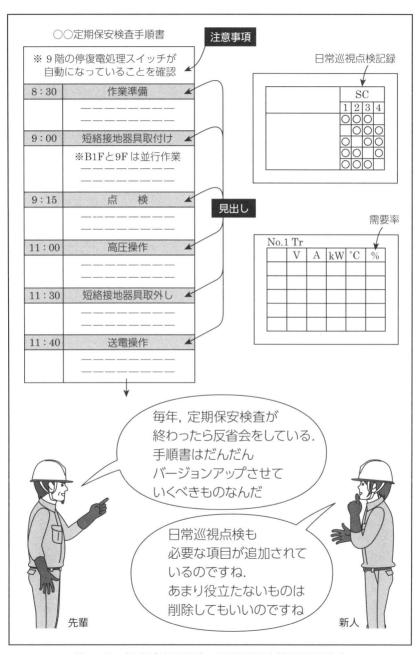

第68図　保安検査手順書・日常巡視点検記録の改善

第1章 基礎強化・応用発展 編

69

架空電線と大地には「見えない空気コンデンサ」が存在する！

　先輩と日常巡視点検に行ったときのことである．構内の架空高圧電線をみて，先輩が言った．
　「この電線の下の空中には，電流が流れているんだよ」
　「そうですか．何も感じないですけど……」
　「そうよ．微量な漏れ電流だから，人体に感じることはないの．この架空電線と大地の間には，理論で習ったコンデンサがあると考えればいいのよ．しかも，それは**第69図**のような，大きいコンデンサよ．電線と大地を電極と考えれば，なかの空気層は絶縁物だと思えばいいのよ．絶縁物だけど，微弱な電流が流れるの．つまり，電線と大地を電極として，その間に絶縁物の空気が挟まれているわけよ．このコンデンサの静電容量は，対地静電容量と呼ばれているよ」
　「へー．こんな空中にコンデンサがあるというわけですね．ちょっとイメージがわかなかったですね」「この対地静電容量には電圧がかかっているわけだから，電流が流れるの．これを漏れ電流と呼んでいるわ．絶縁抵抗値が悪くなくても，漏れ電流はわずかに流れているのよ．その大きさは対地静電容量の大きさによって変わってくるよ」
　「絶縁不良が発生すると，この漏れ電流のほかに絶縁不良による漏れ電流（抵抗分）が流れて，その二つが合成されて現れてくるのよ．その様子は図のようになるわね」
　「通常の場合，図のようにRとCの並列回路が大地間にあると考えればいいのよ．その合成電流が，大地を通じて電源のE_Bへ流れ込むわけよ．だから，この変圧器のB種接地線をリーククランプメータで測定すると，漏れ電流の値がわかるよ．この漏れ電流の変化の傾向をみることによって，絶縁の状態が把握できるというわけなの」
　新人は，この見えない空気コンデンサや抵抗の存在を徐々に理解したのである．

8 変電所等全般に関する知恵

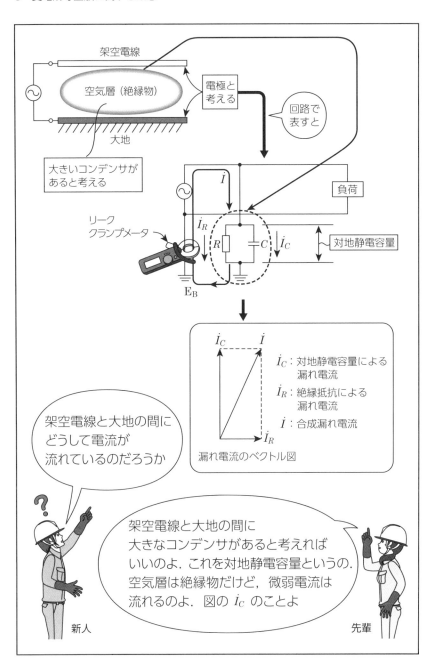

第69図　架空電線から生じる漏れ電流

70

省エネ・省コストも，電気管理技術者の使命と心得よ！

　先輩が電力コスト削減の事例を紹介してくれた．
　「これは，物流倉庫の例だが，ここはユニフォーム類を扱う倉庫で，衣類を保管して，検品・入出荷などの作業を行っている．工場長から次のような相談を受けたんだ」
　「一昨年から扱い品が増加して，フル稼働状態なのです．それで電力使用量も増えて，このところ契約電力が約30 kW上がっているのです．現在の契約電力は330 kWです．なんとかならないでしょうか」
　「この倉庫には，デマンド監視装置がありましたね．まず，警報がどんなときに鳴るのか調べてください」
　しばらくして，「警報が鳴るときがわかりました．商品の搬入時です．それは荷物用のエレベータが稼働したときなのです」
　「そうですか．ではエレベータが動いたとき，なにか停止できる負荷はありませんか」「止められるのは空調ぐらいでしょうか．でも全部止めるわけにはいかないですから」
　「では，止められる空調をチェックしてください」「わかりました」
　工場長は，稼働させなければならない空調と止めてもよい空調の仕分けをして，図面に色分けしたのである．
　「これは私の考えですが，止められる空調をグルーピングして，エレベータが稼働したときの信号を拾って，停止させるインタロックを組むのがよいかと思います．工事費が数十万円かかりますが，電力コスト削減分で投資額を回収できると思います」
　「その後，この改修工事を施工した結果，契約電力はみるみるうちに下がり，約30 kW削減となったよ．契約電力は一時上がった分，下げることができたのだ．年間約60万円の削減になって，工場長は喜んでいたよ」「先輩の省コストへの勘はさえているなー」と，新人は感心したのである（第70図参照）．

8　変電所等全般に関する知恵

第70図　ピークカットで契約電力削減

第1章　基礎強化・応用発展 編

71
揚水発電所は，ピーク供給力を担う大規模蓄電池である！

「先輩．電力ピークが発生したときは，電力会社はどんな電力を供給しているのですか」

「それは，主に揚水発電所によって得られる電力を使っているのだ」

「揚水発電所は，どんなシステムになっているのですか」

「揚水発電所は，上部調整池と下部調整池を設けて，深夜や軽負荷時の供給余力を利用して，下部調整池の水を上部調整池にくみ上げて，ピーク負荷時にこの水を利用して発電する発電所なんだ」

「原子力発電所や火力発電所は，ベース電力として，停止すると効率が悪いので，一般的に連続運転を行っているからね．この電力を余らせておくのはもったいないから，その余剰電力を利用して，ポンプ水車を発電時とは逆回転させることにより，上部調整池へ水をくみ上げる．電力を位置エネルギーに変換するのだ．そして，電力ピーク時にポンプ水車を回転させて発電するのだ．蓄えられた水を，今度は運動エネルギーとして活用するわけなんだ．つまり揚水発電所は，電力を別な形で貯蔵する大規模な蓄電池といえるのだ」

「何だか，物理学のようですね」

「そうだよ．電気という学問の根源は物理学だからね」

「一方，停止して待機中の揚水発電所は，運転予備力を担っているのだ．運転予備力とは，即時に発電可能なものや数分程度以内の短時間で発電機を起動して負荷をとり，待機予備力が起動して負荷をとる時間まで継続して発電できる供給力なんだ．真夏の需要急増時や電源の出力抑制が必要な場合など，発電が需要に追いつかないような事態に陥ったとき，即時または短時間で系統の不足電力を解消する手段として活躍しているのだ」

「そうか．揚水発電所は変動する負荷に対応できる，優れた発電方式なのだな」と，新人は感じ入ったのである（第71図参照）．

8 変電所等全般に関する知恵

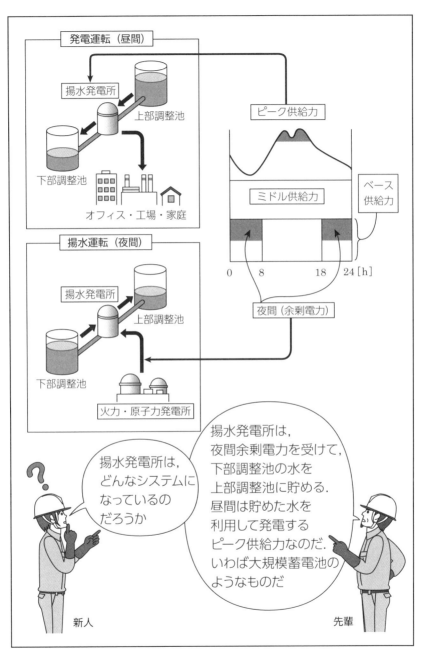

第71図　揚水発電所は大規模蓄電池

第1章 基礎強化・応用発展 編

72
スポットネットワーク（SNW）では，電力会社の工事の際も停止する！

「今度，電力会社の工事で，スポットネットワーク停止の依頼がきましたが，いつもの需要家の定期保安検査のときと，どこか違うのですか」新人は先輩に質問した．

「今回の工事は，2番線のケーブル増強工事だそうよ．基本的には，各需要家の定期保安検査と要領は同じよ（詳細は，拙著『電気管理技術者100の知恵』テーマ64・65参照）．ただ，最後のほうがちょっと違うけどね．一応おさらいの意味で，手順の大枠を説明するね」

「まず，電力会社から線路停止の予告があるわ．時刻になったら2番線が停止される．需要家では，警報停止や故障復帰の操作をして連絡を待つ．電力会社から連絡があって，2番線のプロテクタ遮断器を『自動から手動へ』『解錠から鎖錠へ』．次に，一次遮断器を『投入から開放へ』の指示がある．それを受けて各操作を行って，その完了の旨を電力会社へ報告するのよ．ここから，電力会社の工事が始まる」

「工事完了後，電力会社からその旨の連絡が入るよ．いつもと違うところは，送電操作の前に電力会社がやるべきことがあるの．工事がケーブルに関するものである場合，その線路が問題なく使えるか試充電を行うのよ．このとき，2番線のVDランプ（電圧検出器）が点灯するから，手を出してはだめよ．そして，試充電を終えVDランプが消灯してまもなく，送電操作の連絡があるわ」

「2番線の一次遮断器を『開放から投入へ』，プロテクタ遮断器を『鎖錠から解錠へ』『手動から自動へ』という旨の連絡よ．これを受けて所定の操作を行って，送電予告の時刻を待つの．無事に送電されて，3回線の変圧器が並列運転になれば，完了というわけよ」

「送電前に，電力会社が行う試充電が入るところが違うのですね」

「そうよ．いつもの基本操作が頭に入っていれば大丈夫よ（第72図参照）．」

8 変電所等全般に関する知恵

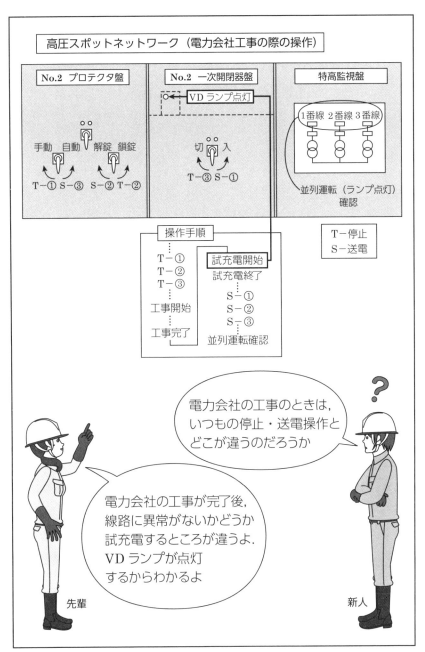

第72図 SNW（電力会社工事）の際の操作手順

73

スポットネットワーク（SNW）の保護はこのようになっている！

「先輩．スポットネットワークは電験で勉強をしたのですが，その保護方式がよくわからないので教えてください」

「これは現場を体験しないとわかりにくいと思うけどね．具体的に例をあげて説明するよ」

「第73図のように，SNW配電線からネットワーク変圧器一次側の間の1番線A点で短絡事故が発生した場合は，電力会社変電所の過電流継電器が動作して，事故回線の変電所の遮断器が開放されるわ．続いてSNW受電設備では，事故回線のネットワークリレーが，健全回線から事故点に向かって逆流する短絡電流を検出して，逆電力遮断特性によって，この回線のプロテクタ遮断器が開放されるから，事故点が切り離されるというわけよ」

「ネットワーク変圧器二次側からプロテクタヒューズの間のB点で短絡事故が発生した場合は，電力会社変電所の過電流継電器が動作して，事故回線の変電所遮断器が開放されるわ．ほぼ同時に，事故回線のプロテクタヒューズに健全回線から事故点に向かって短絡電流が逆流して，事故回線のプロテクタヒューズが溶断することによって，無停電で受電が継続できるのよ」

「プロテクタヒューズからプロテクタ遮断器までの間のC点で短絡事故が発生した場合には，SNW受電設備のネットワークリレーが，健全回線から事故点に向かって逆流する事故電流を検出して，逆電力遮断特性によって，その回線のプロテクタ遮断器が開放されるの．その後系統側から事故点に流れる短絡電流によって，事故回線のプロテクタヒューズが溶断することによって，事故点の除去が完了するのよ」

「ネットワークリレー，プロテクタヒューズ，プロテクタ遮断器は，SNWにおける保護の重要な要素であって，これらを合わせてネットワークプロテクタと呼んでいるのよ」

8 変電所等全般に関する知恵

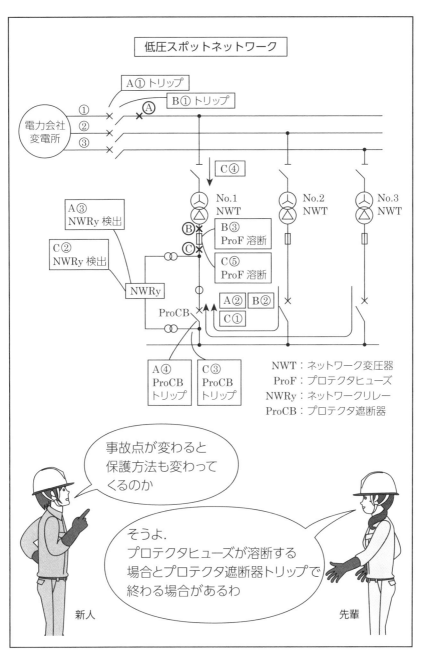

第73図 スポットネットワークの保護方式

第1章 基礎強化・応用発展 編

74

データセンタの最大電力が，毎年12月に大きいのだが……？

　先輩が以前，主任技術者をしていた，データセンタの話を聞かせてくれた．

　「これは，私が某データセンタに赴任してまもなく気づいたことだけど，中央監視の電力データを分析してみたの．そうすると，毎年12月の特定日だけ最大電力が大きいのよ．夏でもないのにどうしてだろうかと不思議に感じたわ（**第74図**参照）」「そうですね」

　「そこで，センタ職員に聞いてみたの．すると，12月の高圧保安検査のときに，サーバ用の空調機を，通常8台運転のところを16台運転にして，しかも温度設定を下げてフル運転していたの．なんでそんな運転をしなければならないのか，と聞いてみたら，『一瞬でも空調機が停止すると，室内温度が上がってしまって，サーババックアップ用のUPSが温度上昇するかもしれないので心配なのです』という回答が返ってきたのよ」

　「たしかに，このセンタでは，本線・予備線の2回線受電になっていて，12月の高圧定期保安検査では，その切換えのとき5分間くらい停電するわ．だけど，UPSの停電補償時間は10分間あるし，冬場でもあって5分間空調が停止しても，そんなにUPSに影響が出るはずないと思ったの．データセンタではサーバとUPSと空調は命だけど，心配し過ぎだと思ったのよ」

　「そのことをセンタ職員に説明して，次回の保安検査では，空調機はそのままにすることにしたのよ．そうしたら，最大電力は，約150 kW下がったわ．基本料金だけでも，年間250万円下がったわ．たった1日で毎年250万円は大きいと思うよ．サーバに何の影響もなかったわ」

　「先輩．それは，すごい電力コスト削減ですね．やはり，いつも疑問をもって物事に対処することが大切なのですね」

8 変電所等全般に関する知恵

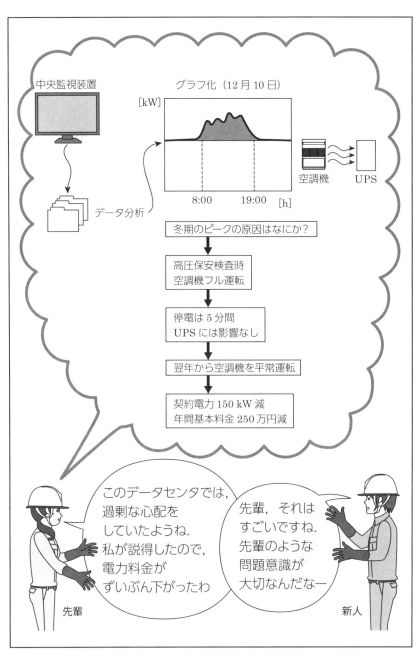

第74図 データセンタの最大電力（12月）が大きい理由

第1章　基礎強化・応用発展 編

75

スポットネットワーク（SNW）の短絡接地はこのように取り付ける！

「先輩．電力会社から短絡接地を取り付けるよう要請があったそうですね」

「そうよ．駅前の再開発でネットワークのケーブルが引っかかるので，ケーブルの付け替え工事をするそうよ．電力会社と取り交わした運用申合書があって，電力会社から短絡接地の要請があれば，実施する義務があるの．52R（VCB）を開放した後，電力会社変電所でケーブルの残留電荷を放電してから，短絡接地を取り付けるのよ．需要家での作業手順は，次のとおりよ（**第75図参照**）．

① 　まず52Rの開放を確認する．
② 　VD（電圧検出器）で電圧がないことを確認する．
③ 　52Rを断路位置にする（ハンドルを52Rにつける．インタロックハンドルを施錠から解錠にする．52Rをゆっくり半分くらい引く．解錠保持ボタンを引いた後，52Rを断路位置まで持ってくる）．
④ 　インタロック条件成立を確認する（VD無と52R切で89Eが操作可能となる），⑤ 　ES（接地開閉器）のカバーを開ける．
⑥ 　ボタンスイッチを押して，ESインタロック解除ランプの点灯を確認する，⑦ 　ボタンスイッチを押しながら操作棒を差し込んで上げる．上端まで上げれば完了よ．盤面の89Eの赤ランプが点灯する．
⑧ 　ES（接地開閉器）のカバーを閉じる．

この後，電力会社の作業員がケーブルヘッドで検相を行うよ．電力会社と需要家双方が短絡接地を取り付けることによって，回路ができるから，検相が可能になるのよ」

「むずかしそうですね．」「慣れれば大丈夫よ．ただ，デバイスナンバーを間違えないようにすることよ．VDで電圧無を確認することがポイントね．検電することと同じだからね」

「はい．わかりました」

8 変電所等全般に関する知恵

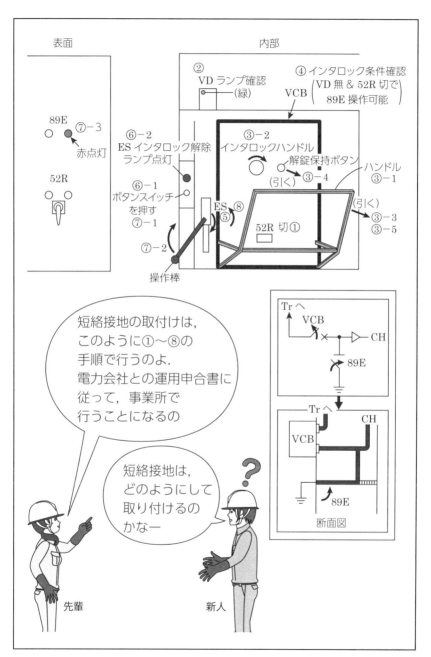

第75図 SNWの短絡接地取付方法

76 スポットネットワーク（SNW）の短絡接地はこのように取り外す！

「先輩．では，短絡接地の取外しはどのようにするのですか」

「取外しは，取付けとほぼ逆の手順よ．工事の後，電力会社の作業員が検相にくるわ．工事によって，相順が変わっていたら大変なことになるから，確認するのよ．需要家での作業手順は次のとおりよ（**第76図**参照）．

① VD（電圧検出器）で電圧がないことを確認する．
② インタロック条件成立を確認する（VD無と52R切で89Eが操作可能となる）．
③ ES（接地開閉器）のカバーを開ける．
④ ボタンスイッチを押して，ESインタロック解除ランプの点灯を確認する．⑤ ボタンスイッチを押しながら操作棒を差し込んで下げる．下端まで下げれば完了よ．盤面の89Eの緑ランプが点灯する．
⑥ 52Rを接続位置にする（ハンドルを52Rにつける．インタロックハンドルを施錠から解錠にする．52Rをゆっくりすこし押す．解錠保持ボタンを引いた後，52Rを接続位置まで押し込む．インタロックハンドルが施錠になればよい）．
⑦ ES（接地開閉器）のカバーを閉じる．

その後，電力会社が試送電を行うのよ．新設ケーブルに異状がないか確認するためよ．このとき，線路は充電されるので，VDランプが電圧有になるから，注意が必要よ」

「52R本体は，約200 kgあるから，移動は，ハンドルを使ってゆっくりと行うことがコツよ．また，操作棒は奥まで深く差し込むことが大切よ．この作業要領はメーカ独自のものが多いので，やり方は参考としてね．ほかの需要家では，若干やり方が違うと思うよ」

「短絡接地の扱いは，一筋縄ではいかないのだな」と，新人は思ったのである．

8 変電所等全般に関する知恵

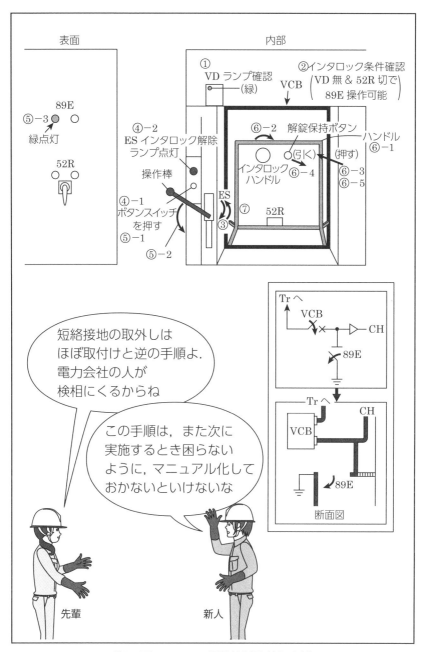

第76図　SNWの短絡接地取外し方法

77

データセンタの高圧は，2回線（本線・予備線）で構成されている！

　先輩から新人へ，データセンタの受変電システムの解説があった．

　「このデータセンタは，特高22 kV 3回線スポットネットワークで，第77図のように，そのテイクオフ盤（高圧送出しの盤）からの高圧は，2回線で本線と予備線になっている．供給信頼度は，非常に高いシステムだ．本線，予備線といいながらも，母線の中央において，遮断器（52B）で連結されている」

　「本線のフィーダを1系，予備線のフィーダを2系と呼んでいる．本来，フィーダはもっと数多くあるが，説明のために3本ずつとしたよ．1系と2系のフィーダの先の変圧器をみると，OA電源・UPS・電算空調は，同じ名称のものがあるね．すなわち，同じ負荷に1系と2系から供給しているのだ．図の太線は，充電されていることを示しているよ」

　「現在は本線受電なので，各変圧器は1系から供給されているよ．2系フィーダも，母線を通じて遮断器の一次側まで充電されている．したがって，1系の定期点検の際は，1系を遮断して，2系から供給することによって，データセンタの運用に支障がないように配慮されている．これに先立って，UPSは切換盤で2系給電に切り換えておかなければならないよ．OA電源と電算空調は，自動で切り換わるシステムとしているよ．この仕組みがわかったら，本線（1系側）の点検をするには，次のようになることは，想像がつくと思うよ」

　「89R21・52R21を投入して，52F1・52R11・89R11・52F11〜52F13・52B・89Bを遮断すると，1系変圧器は無充電になるね．1系点検時には，2系が充電されているから，十分安全を確保する必要がある．2系点検時は，この逆をやればよいのだ」

　「うーん．むずかしいですが，概略はわかりました」新人は，ちょっと複雑な先輩の話を心のなかで反芻したのである．

8 変電所等全般に関する知恵

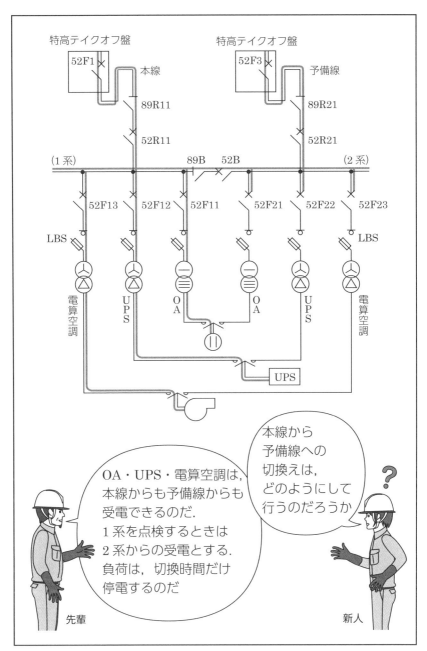

第77図 データセンタの高圧は2回線で構成

78

「業務用電力2型」のメリットがなくなったようだが……

　7年間の電気料金請求書をみていて，違和感を覚えたのである．当ビルの契約種別は業務用電力2型であるが，現在は果たしてそのメリットがあるのだろうかと．業務用電力2型とは，業務用電力より電力を多く使うほどコストメリットの出る契約である．基本料金単価は，業務用電力の1 684.80円に対して2 008.80円と高いが，電力量料金単価は，夏季17.13円・その他季15.99円に対して，夏季15.63円・その他季14.66円と安い．電力消費の多かったときは，この電力量料金単価の安さが功を奏し，そのメリットが出ていた．しかしその後LED照明の導入など，省エネを推進した結果，現在の年間電力消費量は，7年前の70％程度となっている．

　そこで現在は，業務用電力と業務用電力2型のどちらが有利か，そのクロスポイントをシミュレーションしてみた．その算出式は次のとおりである．xを年間電気料金クロスポイント電力量とすると，

$$195 \times 1\,684.80 \times 0.85 \times 12 + 0.276 \times x \times 17.13$$
$$+ (1 - 0.276) \times x \times 15.99$$
$$= 195 \times 2\,008.80 \times 0.85 \times 12 + 0.276 \times x \times 15.63$$
$$+ (1 - 0.276) \times x \times 14.66$$
$$\therefore \quad x = 468\,028 \text{ kW·h}$$

ここで　契約電力 195 kW

$$\text{電力量夏季比率} = \frac{\text{7月〜9月分電力量}}{\text{年間電力量}} = \frac{124\,753}{452\,049} \fallingdotseq 0.276$$

　その結果3年前から電力使用量は，クロスポイントを下回っており，このメニューにしておくメリットがなくなっていたのである．このように過去には適していた契約も，年月を経てその使用状態が変化すると適さなくなる場合もある．早速，契約種別の変更手続を行った．常に変化に対応していくことが大切なのである（**第78図参照**）．

8　変電所等全般に関する知恵

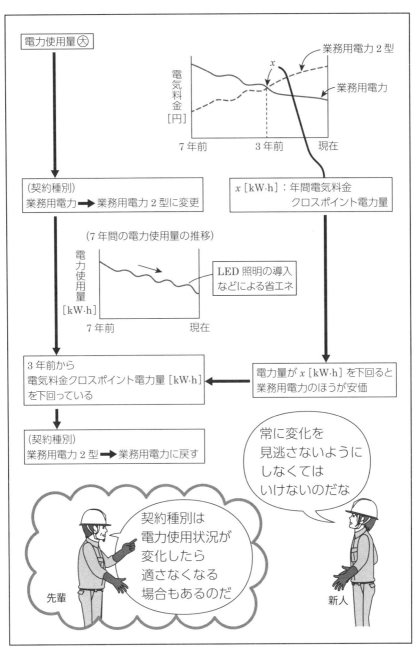

第78図　契約種別変更の見極め

第1章　基礎強化・応用発展 編

79

「力率は，若干進み力率で管理する」のがベストである！

「先輩．電力会社からきた料金請求書に，力率が載っているのですが，これはどこで計測しているのですか」

「それは，キュービクルの受電盤に取り付けてある，電力需給用複合計器だ（**第79図参照**）．ここでは，最大電力，有効電力量，無効電力量などを自動検針しているのだ．力率は，有効電力量と無効電力量から計算できるのだ．その計算は

$$力率 = \frac{1月の有効電力量}{\sqrt{(1月の有効電力量)^2+(1月の無効電力量)^2}} \times 100 \, [\%]$$

」

「この有効電力量計，無効電力量計はタイマによって，8:00～22:00までの時間について計量している．22:00～8:00までの間は，力率計量の対象外となる．無効電力量計では，遅れ力率の無効電力量は積算するけど，進み力率の無効電力量は積算しないシステムとなっている．進み力率は，力率100％とみなされるのだ．よって，若干進み力率になるようにして，常に進み力率で管理しておけば，1か月間の平均力率は100％になるのだ．この力率は，電気料金のなかの基本料金に関係してくるから，よく管理する必要があるのだ」

「力率割引制度の仕組みは，力率85％を基準にして，それよりも力率がよければ基本料金が割引されて，力率100％で15％の割引となっているのだ．この制度は，需要家に取り付けてある高圧コンデンサが電力会社の力率を改善して，変圧器に余裕をもたせることになるので，その見返りとして需要家に還元されているわけだ．高圧コンデンサの設置は，需要家には何もメリットがないから，それでは不公平ということで考えられたものだ」

「需要家の力率改善には，コスト面からほとんどの需要家は高圧コンデンサで対応しているわけだ」新人は，力率の仕組みを徐々に理解していったのである．

8 変電所等全般に関する知恵

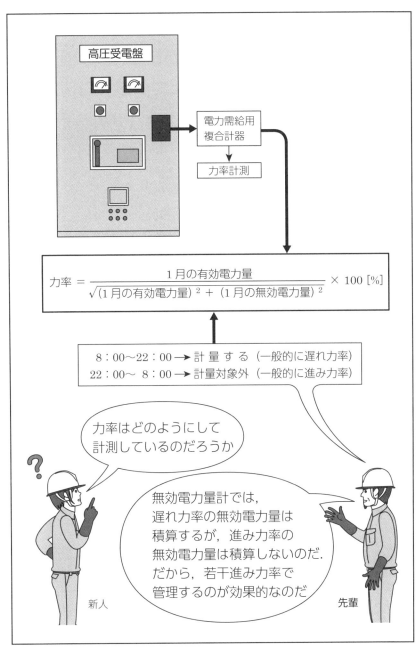

第79図 力率のベスト管理

80 需要家の構外からの「もらい事故」について考察する

中性点非接地の三相3線式配電線路および需要家を考える．需要家構外で地絡事故が発生した場合は，**第80図**のように表される．またその等価回路は，テブナンの定理を用いると図のようになる．

地絡電流の経路は，地絡事故点より配電線路三相一括の全対地静電容量 C_1 [μF] に向かって流出する電流 I_{C1} [mA] の回路および需要家側3線一括の全対地静電容量 C_2 [μF] に向かって流出する電流 I_{C2} [mA] の回路から構成される．このように地絡電流経路は，二つの閉回路で表される．

ここで需要家にかかわる I_{C2} を求めると，

$$I_{C2} = \omega C_2 \frac{V}{\sqrt{3}}$$

V：線間電圧 [V]
ω：角周波数 [rad/s]

需要家構内のケーブルこう長が長い場合は，対地静電容量が大きくなるため，構外事故によって地絡継電器が動作してしまう．これをもらい事故という．

ここで，無方向性の地絡継電器を設置した場合は，ZCTに極性がないため，ZCTに流れる地絡電流は，K側からでもL側からでも，整定電流値以上であれば，地絡継電器は動作してしまうことになる．いわゆる，不必要動作を起こすことになる．不必要動作を防止するためには，需要家構内のZCTには，K側からの入力のみを受けつけさせるよう，地絡方向継電器（DGR）を設置することが必要である．

電気事業者の配電用変電所との地絡保護協調では，需要家の地絡継電器整定値は原則として 200 mA としている．よって，I_{C2} が 200 mA 以上にならなければ，もらい事故のおそれはないことになる．

このように，DGRを設置した場合の整定値は，電気事業者配電用変電所との地絡保護協調を図るため，動作時限，動作電流および動作電圧にも考慮しなければならない．

8 変電所等全般に関する知恵

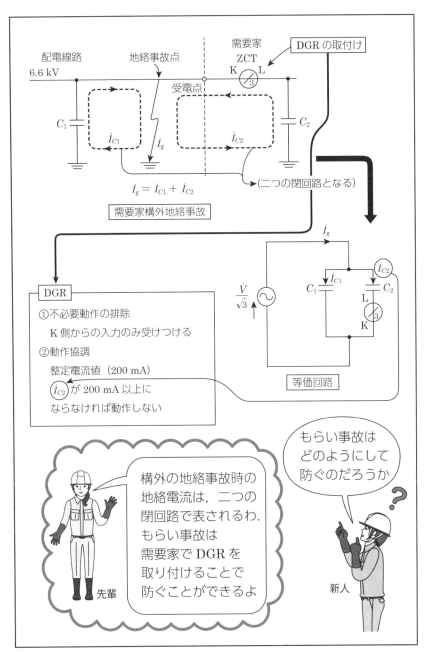

第80図　需要家構外からのもらい事故

第2章

トラブル・事故例 編

第2章 トラブル・事故例 編

81

放射温度計でモールド変圧器の温度測定中に接触……ビシッ！

　先輩から保安教育の一環として，感電事故の話があった．

　「これは私の知り合いから聞いた話だが，某所の主任技術者Aさんがモールド変圧器（6.6 kV 3φ 500 kV・A）の温度測定中に起こした事故だ．Aさんは，経験豊富なベテランだったそうだが……．温度測定には，放射温度計を使っていた」

　「放射温度計とは，物体が放射する赤外線エネルギーの強さを検出して温度を測定するものだ．一般に赤外線温度計とも呼ばれていて，物体に直接触れることなく，温度を測定できる便利なものだ．高電圧で近づけないような場合や回転機など，危険を伴う場所の温度測定に用いられている」

　「当日Aさんは，ひと通りの日常巡視点検を終えたが，変圧器の温度測定をしていなかったことを思い出した．放射温度計を右手（素手）で持って，モールド変圧器の前に中腰で構えた．ちょっと温度が高いかなと思ったとき，バランスを崩して，温度計の先端が変圧器に触れてしまったのだ．そのとき右肘がキュービクルの鉄板に当たり，右手から右肘へと電流が流れた．幸い一命はとりとめたが，重傷を負ってしまった」

　「この事故を聞いてどう思う？」「やはり高圧は怖いですね．絶縁手袋をしていればよかったのではないかと思います」

　「そうだな．それとモールド変圧器は油入変圧器と違って，表面が充電されているから危険なので，アクリルカバーで防護していればよかったな」

　「初心者はもちろん，ベテランでも高圧に対処するときは，初心にかえって謙虚に臨まなくてはいけないよ」

　新人は，日常巡視点検においても，気を引き締めて危険のないよう対処しなければならないことを肝に銘じたのである（第81図参照）．

1 変圧器・コンデンサに関する知恵

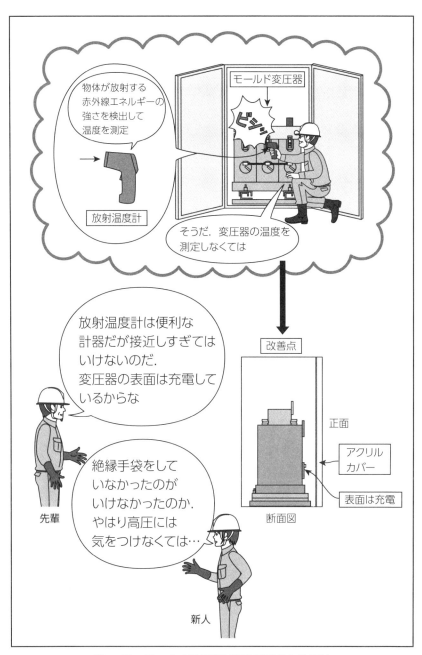

第81図 モールド変圧器の温度測定中の事故

82

力率が遅れ99％なのに，2台目のコンデンサが入らない？

　小規模の屋上キュービクルの点検をしていたときのことである．夏の日差しはじりじりと強く，空調負荷（動力）の使用もうなぎ登りである．動力変圧器（500 kV・A）の電流計をみると540 Aである．力率計をのぞくと遅れ99％であった．

　このキュービクルには2台のコンデンサ（75 kvar × 2）があり，自動力率調整器で制御している．コンデンサ1台は入っているが，動力負荷の重い夏季でも2台目が入らない．

　電気料金請求書をみると，夏季（7月・8月・9月）は99％となっており，料金は力率割引が1％分効かない分，過大請求されている．せっかく力率を100％にするために，コンデンサが2台，自動力率調整器があるのにもったいないと感じた．そこで夏季だけ手動で2台目のコンデンサを入れようかと考えたが，夜間になって進みすぎても問題が生じる．

　そこで自動力率調整器の設定はどうなっているのか確かめることにした．まずマニュアルがなかったので，メーカから取り寄せて設定値を調べたところ，目標力率は98％となっていた．これでは2台目のコンデンサが入ろうとしても入らないわけだ．マニュアルをみながら，メーカの意見を参考に，目標力率を100％に設定し直した．

　その後経過観察すると，コンデンサは2台入り，自動力率調整器も進み99％を示して，順調な運転をするようになった．なお，本来の力率は，遅れの範囲で管理するのが望ましいことは確かではある．この結果，夏季の請求は力率100％となり，力率割引も最大限の恩恵を受けることになった．この力率調整器は最初に設定してから，いままで約15年間だれも手をつけていなかったようだ．電力料金に直すと，月6 000円程度ではあるが，わずかでも費用をかけずにコスト削減ができたのである（第82図参照）．

1 変圧器・コンデンサに関する知恵

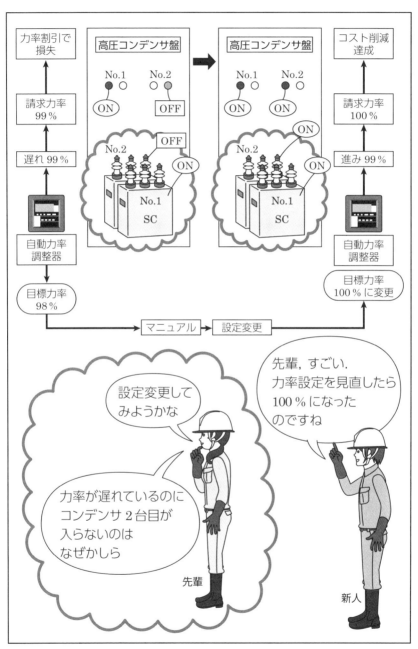

第82図　2台目のコンデンサが入らない理由

第2章　トラブル・事故例 編

83

以前は，高圧コンデンサ（SC）の破裂事故は珍しくなかった！

　先輩による保安教育が始まった．今日のテーマは『高圧コンデンサ（SC）の破裂事故』である．

　「近年，高圧コンデンサの破裂事故は，めったに起こらなくなってきたが，以前は，割と頻繁に起こっていたものである」

　「事故事例を紹介するが，某図書館の地下にある開放形変電所のことである．現地からの連絡で駆けつけたところ，大きな爆発音があって全停電となったそうである．変電所内部に入って調べ始めたところ，高圧コンデンサが破壊されて，無残な姿を晒していた．天板は吹っ飛んで，ブッシングもあたり一面に飛散していて，爆発のものすごさに背筋が寒くなるようであった．現在のようなDGR付きPASなど設備されていなかったが，幸い地絡事故にはならず，外部波及事故にはならなかったのである．当時はまだコンデンサの保護技術は未開発で，コンデンサの一次側は，高圧カットアウトの中に鉄線を素通しにしているだけだった．現在では，限流ヒューズで保護ができているから，まずこんな事故は起こらなくなったのだが」

　「破裂したコンデンサをメーカに持ち込んで調査してもらうことにした．その結果，コンデンサ内部素子の一部がなんらかの原因で絶縁破壊して，発生したアークの熱でほかの素子も順次破壊して短絡状態となった．その熱によりガスが発生し，内部圧力が急上昇して，コンデンサ外箱がこの圧力に耐えられず破裂したものと推定される，との見解であった」

　「ほかの破壊原因としては，コンデンサ容量は電圧の2乗に比例するので，過電圧では温度上昇が高くなって，絶縁破壊にいたることもあるのだ（**第83図参照**）」

　新人たちは，「高圧コンデンサって怖いものだな」と真剣に聞き入っていたのである．

1 変圧器・コンデンサに関する知恵

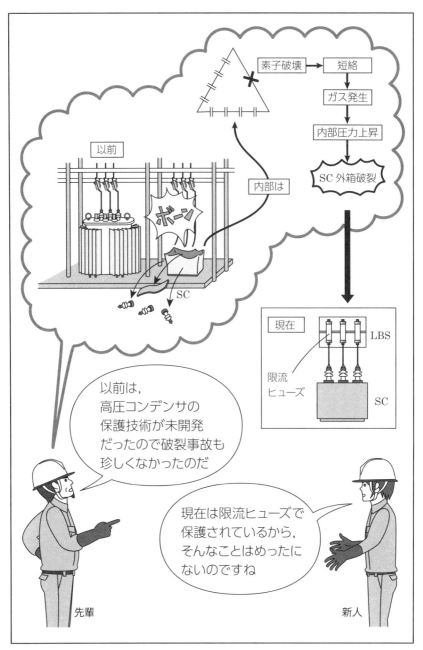

第83図　高圧コンデンサの破裂事故

84

9Fキュービクル（UPS・空調負荷）の切換SWが手動のままだった…ヒヤリ

　先輩がトラブル事例について話してくれた．
　「スポットネットワーク（22 kV，3回線）の定期保安検査をしていたときのことよ．1番線・2番線と検査は順調に進んでいたの．ところが3番線はちょっとむずかしくて，下位にある高圧（6 kV）2回線（本線・予備線）の切換えがあるの．3番線の点検のときは，第84図のように，そこから電源供給を受けている予備線を本線に切り換えなければならないの．そのとき，組まれたシーケンスによって，順次遮断器が切り換わっていくのだけれど，この間が数分間かかるのよ．高圧供給の負荷がすべて切り換わらなければならないの」
　「この負荷の中には，UPSやその空調設備が含まれているのよ．これが大事な負荷なのだけど，高圧回線は地下から9階へも送られていて，その切換操作をする前に，一応念のために9階のキュービクルの中にある，手動・自動切換スイッチが自動になっているかどうか確認したの．ところがこのスイッチが手動のままになっていたのよ．危ないところだったのよ．手動のまま切換えをしていたら，UPSと空調負荷へは電源が供給されないで，宙に浮いてしまうところだったの」
　「それは，ひやひやものでしたね」
　「UPSは内部に蓄電池をもってはいるけれど，その運転可能時間は10分から15分なの．本線・予備線の切換えは数分程度で終わるけど，その間になにかトラブルが起こらないという保証はないのよ」
　「このトラブルの原因は，前回の高圧保安検査のとき，遮断器を操作するために手動にしたまま放置して，もとに戻すことを忘れていたからなの．この4か月間にトラブルがなかったからよかったけど，万一の場合はUPSと空調は稼働しなかったということになるの」
　新人は「UPS絡みの取扱いは気を遣うのだな」と，しみじみと感じ入ったのである．

2 UPSに関する知恵

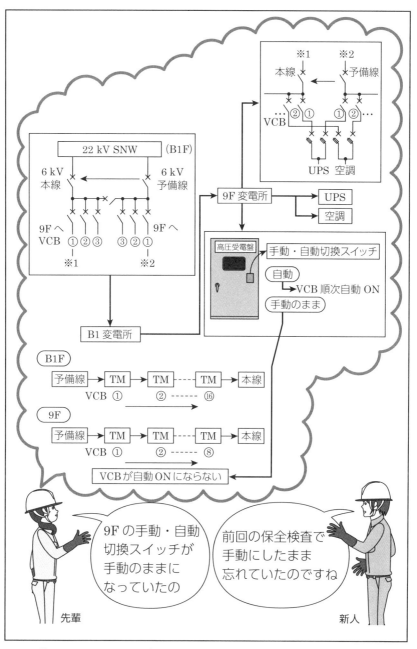

第84図　9Fキュービクルの手動・自動切換スイッチの戻し忘れ

85
高圧保安検査時にUPSが本線から予備線に切り換わらない……困った

　先輩からUPSのトラブルの話があった．先輩が主任技術者をしていた施設は，特別高圧（3回線22kVスポットネットワーク）である．
　「当日はそのうちの高圧の保安検査だったわ．作業は順調に進み，本線を点検するために，本線から予備線への切換えが始まってまもなくのことよ．予備線を投入して本線VCBを切ったときのことよ」
　「作業責任者から『UPSの稼働に問題はないか』，との呼びかけに，UPS担当者は，『待ってください．UPSが予備線に切り換わっていません』」
　「何はともあれ，私は，とりあえずVCBをもとの状態に戻すよう指示したわ．なぜならば，UPSの蓄電池は10分間しか停電補償能力がないからよ．UPSが停止してしまったら，負荷のサーバのデータが消滅してしまうからよ．ここは慌ててはいけないと，自分に言い聞かせたのよ．そして，落ち着いて原因を調査することにしたの」
　「立ち会ってくれたUPSの専門メーカの方は，内情に精通していて，各部を点検して入力変圧器盤内VMC（真空電磁接触器）に付属する接点が働いていないことを発見してくれたのよ．接点に酸化被膜が付着していると判断し，応急措置として，その接点の付着物を除去してくれたの．再度，本線・予備線の切換えをして，なんとか成功したのよ」
　「この間，作業は中断すること約1時間30分．一時は当日の作業は先に進められないので，延期しなければならないかと思ったわ」
　「問題の接点は，約10年間メンテナンスをしていなかったの．メーカとしては，毎年メンテナンスをすることを推奨していたのだけど，オーナーが経費節減でうなずかなかったのよ．早速，次回のUPS点検で接点の交換をしたわ（**第85図参照**）」
　新人は，1か所の接点不良でも大事にいたることがあるのだ，と認識したのである．

2 UPSに関する知恵

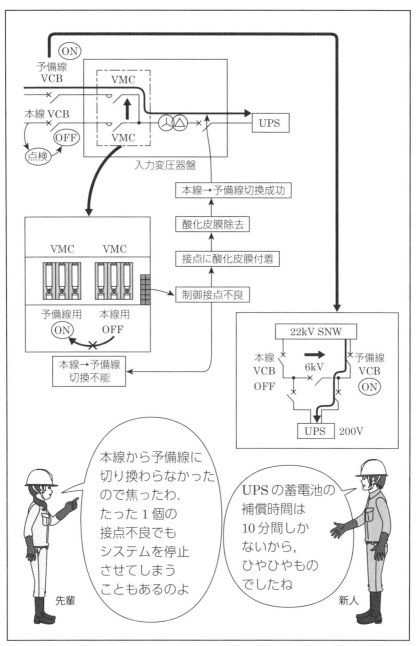

第85図　UPSの本線から予備線への切換不調

86 仮設ケーブル布設時……UPS停電補償時間10分間の焦り……

　今日は，AビルとBビルの定期保安検査である．午前中のBビルの検査は問題なく終了した．しかし，検査の合間を縫って，分電盤の更新，変電所の空隙のパテ詰め，電流計の取換えなどが入っていて，内容は盛りだくさんであった．

　Bビルの検査において，電話交換機電源確保のために，下請業者がAビルから仮設電源をCVTケーブル22□で配線し，これは問題なく終了した．次に，午後からAビルの検査のために停電しようとした．予定では，同じケーブルを使って，今度はBビルからAビルへサーバ用仮設電源を行うはずだったが，配線されていなかったのである．

　急いで，Bビルにいた下請業者を呼んだ．そしてAビルの分電盤で接続換えをしようとしたときである．なぜか，第86図の①で100 Vがきているか確かめようとして，テスタを銅バーに当てたんだ．その瞬間，ボーンという音とともに火花が飛び，銅バーが溶断してしまった．動揺したのか，下請業者はなぜか再び同じことをして，また火花が飛び，溶断がひどくなり，えぐれてしまったのである．

　これは，慌ててきた気の焦りだったのかもしれない．②のメインMCCBは，分岐回路にサーバ電源があったので，OFFにできず活線状態であった．また，この仮設作業はサーバをバックアップしているUPSの停電補償時間に制約を受け，10分間の間に切り換えなければならなかった．Bビルからのケーブルを③に接続してから停電とし，Bビルから電源供給を受けることになっていた．

　よく考えると，MCCB②をOFFにしてから，③での接続作業を10分間で行えばよかったのである．そしてBビル④のMCCBをONにすればよかった．

　下請業者はベテランであった．ベテランでもこのようなことが起こるから，焦りは禁物なのである．

2 UPSに関する知恵

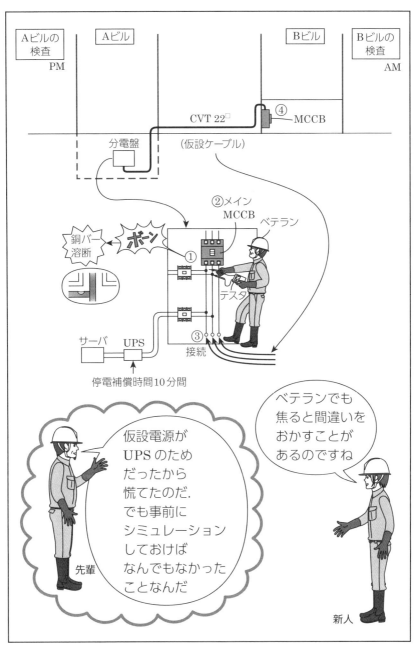

第86図　仮設ケーブル布設時の焦りによるトラブル

87

UPSの蓄電池に，電圧が低いユニットがあるが……

　先輩の話では本日，UPSの蓄電池3台の交換が予定されている．
　「前回のUPS点検で蓄電池の不良が3台あったので，その交換作業よ．まだ3年半しかたっていないの．蓄電池ラック上段のものが電圧低下していたのよ」
　「蓄電池の管理基準は，どのようになっているのですか」
　「この鉛蓄電池は1台につき，内部に3セルあって，1セル(2.23 ± 0.1)Vが許容値よ．3セルで6.69Vになる．不良の3台は，5.80V，6.21V，5.73Vで許容値を下回っているの．UPSは不測の事態に備えるものだから，電圧低下した蓄電池は早期に交換しておかなければならないの」
　「近年の鉛蓄電池はシール形で電解液はゲル状，補水や比重測定は不要で，触媒栓もいらないの．メンテナンスフリーとはいわれているけど，電圧と内部抵抗は測定して管理しておく必要があるの」
　「蓄電池の寿命は，たしか7年くらいと聞いています．その3台はなぜそんなに早く劣化したのでしょうか」
　「原因を調査したところ，どうも周囲温度が関係しているらしいの．蓄電池ラックの下部温度は22℃だけど，上部温度は27℃になっていて，基準値の25℃を超えていたの．このUPSの性能の保証値は，温度25℃以下で10分間だったよね．これはUPS本体のことではなく，蓄電池の性能のことよ．蓄電池は化学反応を利用しているから，その性能が温度に大きく左右されるの．空調機からの冷風が，蓄電池ラックにうまく届いていないようなの．そこで，実験的にラック下部の通風口をふさいで，風がもっと上部に回るようにしてみたの．結果は良好で，上部温度も25℃以下になったわ」
　新人は，UPS蓄電池の繊細さについて認識を新たにしたのである（第87図参照）．

2 UPSに関する知恵

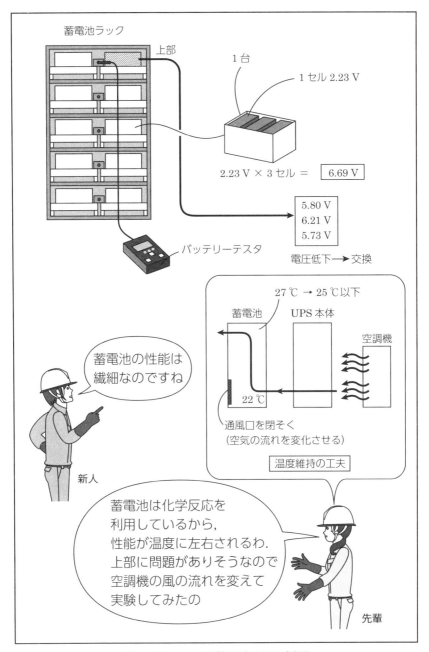

第87図　UPS用蓄電池の電圧低下

88

思いつきの予定外作業は要注意である……その作業待て！

　当日は，年に一度の定期保安検査であった．新人たちも参加していた．まず手順書にしたがって，高圧を停止し清掃作業に入った．約1時間あるので，新人たちは停止したキュービクルを点検したのである．
　「あれ．なにか落ちているぞ．」同僚が「それはパテだ」
　キュービクル上部のケーブル貫通部の隙間を埋めていたものが，熱で溶けて落下したようだ．よくみると，落ちたパテは銅バーを短絡した状態である．
　「停電しているから取り出せるかな．2人でやってみようか」
　そこへやってきた先輩が，「ちょっと待て．よく検電してみるんだ」
　新人たちが検電すると，検電器がピーピーと鳴ったのである．
　「どうして．高圧は停電しているのに……」
　「これは，No.4 UPS切換盤だ．UPS室には，No.1〜No.3までのUPSと切換盤があって，増設のときUPS室には収まらなかったので，変電室に設置することになったのだ．この切換盤は，停電したキュービクルの隣にあって，盤の色も同じで，同じ並びにあるから，たしかにまぎらわしいのだが」
　新人たちは「危ないところだったね」と，顔を見合わせた．
　「幸い，そのパテは絶縁物だから，直接の害は考えられない．しかし，UPSを止めるわけにはいかない．このUPS切換盤を停止するのには，手順を踏まなければならない．今すぐできることではない．後日，綿密な計画を立てて実施すべきである．充電していないと思っても，念を入れて検電を心がけなければならない．その場で予定外の作業を思い立って，感電したケースもあるからね．気をつけなければならないのだ．（第88図参照）」
　新人たちは，後で考えると，ぞーっとするような体験であった．しかしこれは，2人にとって後々の教訓になるはずである．

2 UPSに関する知恵

第88図　思いつきの予定外作業は要注意

89 キュービクルのケーブル貫通口施工には注意すべし！

　トラブル・事故例 編（テーマ88）において，キュービクル上部からパテが落下した件について，先輩から話があった．
　「そもそも，パテがキュービクル天板から落ちるのには原因があるはずだ．試しに上部のパテを取り除いてみると，天板とケーブルの間には大きな隙間が空いていた．ケーブルに曲がりがあるため，施工時に天板を大きめに切り取るのは仕方がないが……．その隙間にいきなりパテを詰めたら必然的に落下する．キュービクル内部には変圧器などの熱源があって，パテは温められるから，軟化して落下することになるわけだ」
　「よって，正しい施工としては，ケーブルの周囲に絶縁物（硬質塩化ビニル板など）を加工して隙間をふさいだうえで，パテを詰めなければならないのだ」「なるほど，そういうことだったのですか」
　「後日，施工業者にやり直しをしてもらうよう要求したよ．あわせて，落下したパテも取り除くようお願いした．ところが，このキュービクルはUPSの切換盤であった．UPSを簡単に停止することはできない．停止しないで行うために蓄電池給電とすると，10分以内に作業を終えなければならない．余裕をみて5分間に設定したんだ」
　「作業当日は，UPS交流入力・バイパス入力を停止して入力すべてを絶ち，蓄電池からの給電とした．時間が限られているから，作業は急がなければならない．しかし，焦って事故を起こしてはならない．UPS切換盤に隣接してOA電源盤があり，200Vが生きているから十分注意しなければならない」
　「まあ，無事にパテを取り除くことができてよかったけどね．本来，施工が完全であれば，このようなことにはならなかったはずだ」
　新人は，メンテナンスのためにも，施工精度の大切さを感じ取ったのである．（**第89図**参照）．

2 UPSに関する知恵

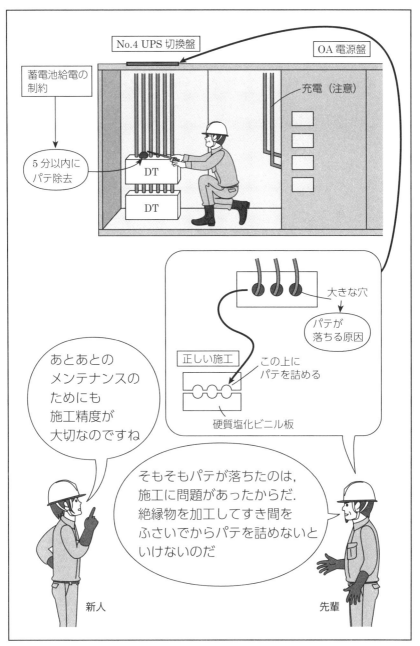

第89図　キュービクルのケーブル貫通口施工

第2章　トラブル・事故例 編

90

定期保安検査終了後，VCB が投入できない……困った……

　新人は先輩の苦労話に耳を傾けていた．

　「これは私が以前経験したことだ．VCBに関することだ．定期保安検査も順調に進み，受電するためにVCBを投入しようとしたときのことだった．なかなか投入できない．何度か試みてみたのだがダメだった．こうしていても，ここに直せる者はいない．これはメーカの専門技術者でないと直せないと気づいて，早速出入りの業者を通じてメーカに依頼したところ，運よく技術者がつかまり，出向いてくれることになった．この施設は土・日曜日営業しているので，平日の検査だったのが幸いしたようだ」

　「到着した技術者はVCB操作部を取り外し，部品を一つひとつ取り出して，はけなどを使って清掃を行っていく．固着したグリースを取り除き調整をして，なんとか夕刻までには復旧にこぎつけることができたんだ」

　「技術者の話によると，VCB内部は真空バルブを可動させるための機構があって，機構を正しく動作させるためには，ほこりの除去や注油を怠ってはいけない．グリースは経年劣化して油分が蒸発して潤滑性能が衰える．グリースの固着により，VCBの開放ができなくなると，短絡事故の場合，事故電流を遮断することができない．投入操作ができなくなると，このように点検終了後に復電できなくなる．VCBの細密点検をやっていないのなら，年次点検時にグリースアップ実施の提案を事前にしておかなければならない」

　「教訓として，定期保安検査時にVCBを開放したらすぐに，投入が確実にできるかどうかの確認をしておくことが大切だったんだ．万一，トラブルが発生しても，復旧までの時間が短縮できるからね」

　「保安検査では，思わぬトラブルで苦しむ場合もあるのだな」と，新人は，その対応策を熱心に聞いていたのである（第90図参照）．

3 その他機器・計器に関する知恵

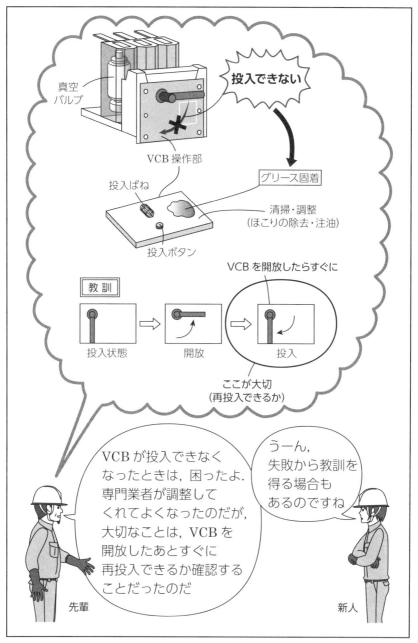

第90図　VCB投入不可のトラブル

91

発電機起動盤の手動・自動切換スイッチは，もとに戻すことを忘るべからず！

「先輩，なにしているのですか」

「手動・自動の切換スイッチが，元どおり自動になっているかどうか，点検していたんだ．さっき，6台の発電機の無負荷運転をしたからね．終わった後では，この確認が大切なんだ」

「私が若いころ，こんなことがあったんだ．やはり，発電機の無負荷試験をした後に，切換スイッチを手動から自動にするのを忘れていたことがあった．たまたま，実負荷運転をしたときに気づいたのだが……．停電（27）信号によって，商用電源を切って，発電機の自動起動を待ったのだが，いつまでたっても起動しなかったんだ」

「よく調べてみると，このスイッチを戻し忘れていたんだ．実際に停電が起こったときに起動しなかったら，大変なことになっていたんだ．そこは，データセンタだったから，UPSの電源がなくなるということは，致命的なことになったはずだ．バックアップの蓄電池は，10分間ほどしかもたないからね」

「こんな事例もあるよ．発電機の実負荷運転を実施したとき，発電機は正常に運転したのだが，負荷への電源供給がなされていなかった．なぜだろうとよく調べると，キュービクルのなかにある発電機用VCBが試験位置になっていた．つまり，発電機と負荷が接続されていなかったのだ．これは，定期保安検査終了後に，VCBを接続位置に戻していなかったのが原因だった．あってはならない重大なミスである」

「こんなこともあるから，点検や試験を行った後は，もとの状態に戻っているかの確認を怠ってはいけないのだ（第91図参照）」

「うーん．原状復帰は当たり前だが，それをうっかり忘れることもあるのか」新人は，試験時には十分気を引き締めなければならないのだな，と思ったのである．

3 その他機器・計器に関する知恵

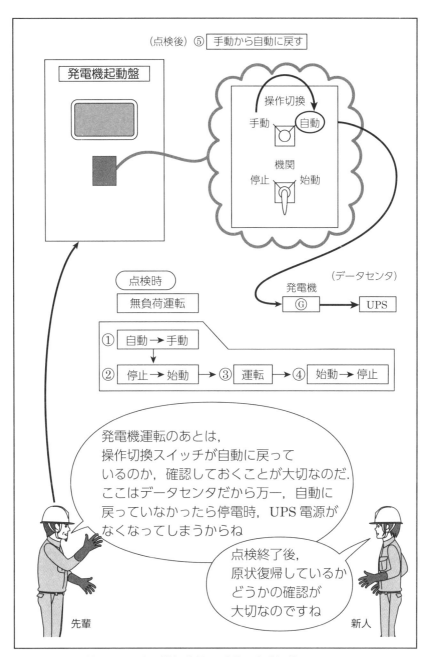

第91図　発電機起動盤の手動・自動切換スイッチ

92

OCR試験でCTの二次側に電流を流してしまった……「ブー」！

　CT（変流器）は，高圧側の電流を，二次側に接続されている計器に適合した電流に変成するものである．

　通常CTの二次側は閉じられており，OCRの試験をするときも，二次側は短絡しておかなければならない．OCR試験の際は，試験端子（ねじ式またはプラグイン式）を使って行う．

　ねじ式の場合は，第92図のようにバーでCTを短絡状態にして行う．プラグイン式の場合は，プラグの一端を短絡している．これは，OCR単体の試験を行うという理由のほかに，CTを開放状態にしないという意味がある．

　CTは通常の使用状態においては，鉄心中の一次側と二次側の磁束は打ち消しあって，励磁電流に相当する磁束密度に保持されている．しかし，二次側を開放すると，一次側の磁束を打ち消す二次電流が流れなくなるので，一次電流がすべて励磁電流となり飽和してしまう．このため，きわめて大きな磁束を生じて二次端子に高電圧が発生し，CTを焼損するおそれがあるため注意が必要である．

　試験を行うためには，どちらの端子がCT側かということがわかっていなければならない．あるとき，誤ってOCR側を短絡して，CT側に電流を流してしまったことがある．いきなり，CTから「ブー」という「うなり音」が発生して，慌てて試験器のダイヤルを戻して事なきを得たのである．CTの二次側に試験電流を流すと，一次側に過大な電流が流れ，磁気飽和状態となり，電流変化によって二次側に尖鋭（せん）な波形の高電圧が発生したわけである．

　CT側端子とOCR側端子の確認は，各相の端子バーを外し，メガまたはテスタで行うことができる．測定値が0 MΩまたは0 ΩになったほうがCT側端子である．CTの二次側は，電気設備技術基準・解釈第28条に基づき，D種接地が施されているからである．

3 その他機器・計器に関する知恵

第92図　OCR試験時の過ち

第2章　トラブル・事故例 編

93
停電したと勘違いして短絡接地器具を取り付けてしまった……ボーン！！

「これは，某所での感電事故の例だ．よく聞いておくように」
先輩は語り始めた．

「ここは，6.6 kV受電の小規模キュービクル（PF-S形）で，主遮断器はLBSだ．当日は，引込ケーブルが更新時期にきているので，取換工事を行う予定であった．まず，作業責任者がLBSを開放した．そこで，責任者は，図面をとりにいくために，短時間だったが現場を離れた．作業員の一人は，これで全停電したものと思い込み，早く短絡接地をしなくてはと，その金具をLBSの一次側に取り付けようとした．（**第93図参照**）」

「そのとき『ボーン』という大音響とともに，作業者はその場に倒れこんだ．作業者は，LBSが投入ならば充電であり，LBSが開放したのなら，線路は停電したものと勘違いしたのだ．LBSを開放しても，PASを切らないかぎり，PAS〜LBS間は充電している」

「戻ってきた責任者は慌てて，仲間に救急車を呼ぶように指示して，作業者を病院に搬送した．この事故について，どう思う？」

「この作業者は，まだ現場を十分熟知していないようだから，指示があるまで行動を起こしてはいけないのでは……」

「そうだ．高圧の作業は手順を踏まなくてはいけないんだ．本来は，作業手順書を作成して，よく説明して一つひとつ作業を進めていかなければならないのだ．それと，作業者は検電という初歩的作業も怠っていたね．責任者は，作業前に皆を集めてKYミーティングやTBMを十分行って，安全作業を徹底しなければならないのだ．それよりなにより，短絡接地器具の取付けは，必ず全停電を確認してから行わなければならない．責任者の責も問われる」

新人は「こんな勘違いもありうるなら，現場では，十分気をつけなければならないのだな」と，痛切に感じたのである．

4 変電所等全般に関する知恵

第93図　勘違いによる短絡接地器具の取付け

94

低圧用検相器を断路器に当てて検相しようとした……ボーン!!

　先輩から新人へ，ある事故の話があった．
　「これは某所での感電事故の話だ．作業の内容は三相変圧器の取換工事だった．工事に先だって，責任者は作業者とミーティングを行った．その後作業者は，まず相回転を確かめておこうと考えて，低圧盤のMCCB二次側で相回転の確認を行った．ところが逆相だったので，おかしいのではないかと思い，高圧はどうなっているのかを確認しようと，高圧盤の扉を開けた．そして，断路器（DS）に低圧用の検相器を当てて，相回転を確かめようとしたとき，『ボーン』という音響とともに倒れこんでしまった．」
　「こんな事故だけど，どう思うかな？」
　「低圧の検相器で，高圧の検相はできないと思うのですが．」
　「そうだ．検相というものは，一般的に低圧で行う．たとえ，低圧で逆相であったとしてもおかしくはない．引込線のつなぎ方によっては，そういう場合もありうる．引込線がたまたま逆相だったならば，低圧MCCB以降で2線を入れ換えて正相にすればよいのだ．電気工事士試験にも出てくるね．相順の入換えだよ．MCCBで逆相ならば，負荷側で検相して，正相であることを確認すればよかったのだ．大元は簡単には直せないからね．」
　「それ以前に，PASを開放しなかったわけだから，PAS～断路器間は充電されていることを思い浮かべなければならない．また，作業者は未熟なのだから，責任者は十分に理論的に指導して，安全な作業を心がけなければいけなかったのだ．単独の判断による作業は禁止であることを，きちっと明示しなければならなかったのだ．」
　新人は，高圧の怖さをしみじみと感じるとともに，自らも充分に現場の勉強をして，このような事故を起こさないようにと，気を引き締めたのである（第94図参照）．

4 変電所等全般に関する知恵

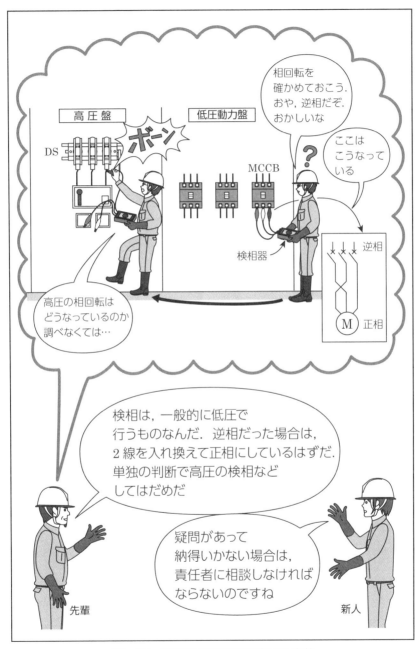

第94図　断路器に検相器を当てた事故

95

キュービクル内清掃中に感電……ビシッ!!
……停電のはずだが?

「これは某所での感電事故の話だ」先輩が新人に話し始めた．

「定期保安検査をするために全館停電として，作業責任者は作業員2名に作業手順を説明した．ここのキュービクルは屋上にあり，受電は地上の高圧キャビネットである．初めに皆で屋上へ行き，OCR試験を自己電源法で実施した．引き続き作業員Aは，責任者の指示により，高圧キャビネット内のDGR試験をするために地上へ降りた」

「責任者と作業員Bは，屋上キュービクルのVCBとDSを開放した．その後責任者は，作業員Aに電話で地上のUGSの開放を指示した．屋上では，キュービクル内の検電と放電を実施して，全停電であることを確認した．責任者は，DGR試験のために地上へ降りるので，作業員Bには残ってキュービクル内の清掃をするよう指示した」

「責任者と作業員Aは，地上でDGR試験を開始した．作業員Aはこの試験において，UGSとの連動試験を行うためにUGSを投入した．この時点で，屋上のDSまで電源が生きたことになる．ところが，屋上作業員Bは，そのことを知らず作業を続けていたのだ．そして，DSの一次側の清掃をしようとしたとき感電してしまったのだ．責任者と作業員Aが屋上に上がると，作業員Bが倒れていたので，至急救急車を呼び病院へ搬送した」

「この事故の原因の一つには，短絡接地器具を取り付けなかったことがあげられる．短絡接地器具を付けていれば，UGSを投入した時点で地絡となって気がついたはずだ．二つ目は，作業手順が適正ではなかったことだ」

「この例のように，地上と屋上に分かれて作業する場合には，より綿密な手順を踏んで，安全な作業としなければならないのだ．教訓にするように」新人は，ありがたい話だと先輩に感謝したのである（**第95図参照**）．

4 変電所等全般に関する知恵

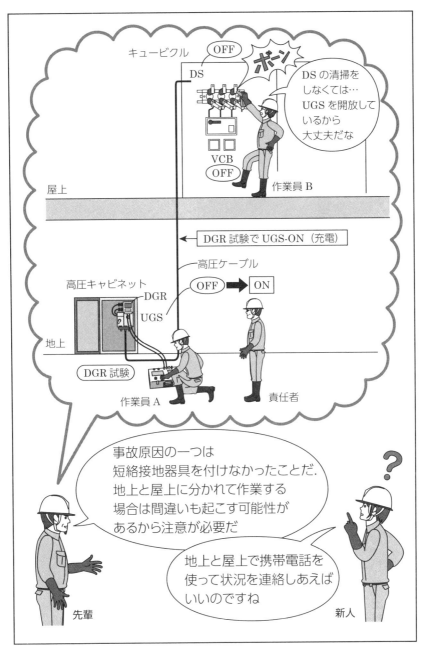

第95図 キュービクル内清掃中の感電事故

96
短絡接地器具を付けたまま復電してしまった……ボーン！

　先輩が知り合いから聞いた電気事故の話をしてくれた．
　「2人で某事業所の定期保安検査に行ったときのことだ．2人とも電気管理業務に就いてからそんなに長くはなかった．現場は小規模の屋外キュービクルである．まず低圧のMCCBを開放し次に遮断器・断路器の順に開放してから，引込1号柱のPASを開いた．続いて遮断器の一次側にある断路器の残留電荷を放電したのち，安全のために断路器の電源側に短絡接地器具を取り付けた．清掃から始め，各種試験は順調に推移した．停電時間は限られていたのですこし気は急いていた．復電に際して，1人がPAS投入のために1号柱に上り，もう1人はキュービクルで待機していた．そしてPASを投入したときのことである．大音響が響き渡った．驚いて何が起こったのかわからなかった」
　「キュービクルのなかを恐るおそる開けてみると，短絡接地器具が付いたままだった．うっかり外すのを忘れたのだ．よくみると短絡接地器具を挟んだ断路器は溶断し，接地側の接地端子も溶けていて，地絡電流のものすごさを物語っていた．幸いPASは昨年取り換えたばかりで，DGR付きでVT内蔵型だったので，これが動作して外部波及事故はまぬがれたようだ．こんな状況では復電できない．断路器の取換えをしなければならない」
　「この事故原因は，短絡接地器具の取り忘れという初歩的なミスにある．短絡接地部分には，接地中の表示板を取り付けておき，作業終了時に確認して外すべきだった．キュービクルは規模の大小にかかわらず，作業の基本は同じである．手順書を作成し，キュービクルの扉に張り付けて，一つずつチェックしながら作業すべきだったのだ（第96図参照）」
　「やはり基本が大切なのだな．他人ごとではないな」と新人は察したのである．

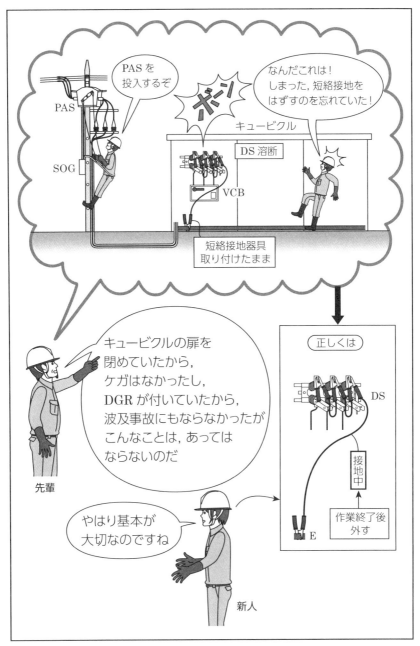

第96図　短絡接地器具を付けたままの復電による事故

97

LBS取換工事で，充電している避雷器に誤って接触……ビシッ！

　保安教育の一環として，「キュービクル内変圧器用LBSの取換工事での事故」について先輩から話があった．

　「責任者は作業員と作業前の打合せを行った．責任者がVCBを開放し，高圧機器の検電を実施して，VCB負荷側端子に短絡接地器具を取り付けた．そして，作業員はキュービクルのなかに入り，変圧器上部にあるLBSの取外しを始めた．LBS取付けアングルのボルトを取り外している途中，汗をぬぐおうとした際，背後にあった避雷器に接触して感電したのだ．地絡事故となったのだが，PASが動作して外部波及にはならなかった」

　「この事故の原因は，まずVCBの開放だけでは，その一次側は充電していることが理解されていなかったことにある．VCBの一次側にある避雷器は，充電されているのである．次に，VCBを開放した後LBSの周辺は検電したが，ほかの高圧機器の検電はしていなかったのがいけない」

　「このような事故の防止策としては，高圧の工事では全停電で行うことを原則とすることである．さらに，短絡接地器具は大元の断路器に取り付けるべきである．また，やむを得ず充電部に近接する作業を行う場合は，充電部に絶縁用防護具を装着して，作業員には絶縁用保護具を着用させるべきである」

　「また責任者は，キュービクルのシステムを充分理解していないようであるため，再教育を受ける必要がある．一方，高圧作業においては，作業手順書を作成して，充分に協議して納得の上で作業することが大切である．このように高圧に対する知識が浅く，理解不充分による事故は，絶対にあってはならないことである（第97図参照）」

　新人は，『注意不足によるミスで，大きな事故を招くこともある事実』を，真摯(しんし)に受け止めたのである．

4　変電所等全般に関する知恵

第97図　作業中，充電部に接触した感電事故

第2章　トラブル・事故例 編

98

キュービクルのダクトに隙間あり！
……しめしめ（ねずみの声）

　新人が，先輩と某所のキュービクルを点検していたとき，気づいたことである．屋内キュービクルであるが，その床面には複数のダクトがあった．低圧幹線ケーブルが各所に伸びているが，そのケーブルを収めるダクトに問題を発見したのである．

　「先輩，このケーブルとダクトには隙間があって，その隙間がキュービクルのなかにも続いていますが大丈夫ですか（第98図参照）」

　「そうなの．そのことはいつも気がかりで，事業所長にパテ詰めをするように進言しているのだけど，停電が必要だからという理由で，のびのびになっているのよ．屋内キュービクルとはいえ，このダクトの先は外部にも通じているからね」

　「本来ならば，変電室は建築基準法では，防火区画処理をしなければならないのだけど，施工が悪かったようだね．たとえば，扉を開けっ放しにした隙に，ねずみでも入ってきたら大変だと心配しているところなのよ．この近くには飲食店もあるし，ねずみも繁殖しているようだからね．冬場は暖を求めてやってくる可能性もあるからね．『うーん，暖かいところがあったよ．しめしめ』なんていう，ねずみの声が聞こえてくるようだよ．ねずみなど小動物がキュービクル内に侵入して，地絡事故や短絡事故となるケースは，少なからず報告されていて，いまだに後を絶たないからね」

　「それに，この施設にはUGSが未設置だから，地絡事故を起こしたら，外部波及事故となってしまうわ．付近を停電させると，損害賠償を払わなければならない事態に陥る可能性もあるからね．そのことも事業所長には，口酸っぱくいっているのだけど，なかなか動いてはくれなくてね」

　「主任技術者もなかなか大変な一面があるのだな」と聞き入っていたのである．

4 変電所等全般に関する知恵

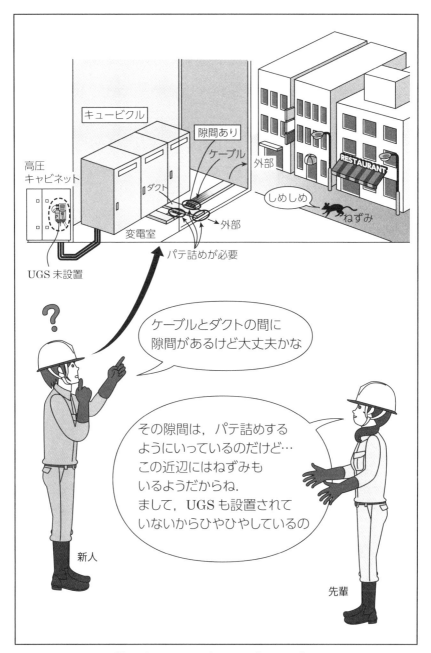

第98図 キュービクルのダクトの隙間

99 配線接続部の亜酸化銅増殖発熱現象で火災発生……ボヤ？

　先輩から自家用電気工作物の火災事例に関する話があった（**第99図**参照）．「某事務所ビルで夜間，自動火災報知機が鳴動したの．警備員が防災盤で火災表示をみて，ただちに3階の事務室へ急行して，出火していることを確認したわ．ただちに消防署へ通報して，消火器で初期消火にあたったけど，ビルの一部を焼失して鎮火したのよ」

　「消防署員の検証の結果では，火元は事務室の壁掛け式電気時計のようだった．内部を調べると，配線接続部のより合わせ部分が炭化していることから，ここが出火原因と推定したの．この電気時計は，以前から動作したり停止したりを繰り返していたそうなの」

　「このことから，コンセント内部の電源配線と電気時計の配線のより合わせ部分において，亜酸化銅増殖発熱現象が発生して出火し，周囲の可燃物に延焼して，出火にいたったものとほぼ断定したわ．亜酸化銅増殖発熱現象はわかるかな？」

　「いいえ」新人は，初めて耳にする言葉であった．

　「この現象について説明するよ．ビスのゆるみや電線の酸化によって，コンセントなどの配線器具と電線の接続部分に接触不良が生じる．すると，接触抵抗が増大して接続部に亜酸化銅（Cu_2O）が生成される．Cu_2Oは銅よりも電気抵抗が大きいために，一度できると局部的に高温の熱が発生する．この熱は，周囲の銅を酸化させ，Cu_2Oを自己増殖しながら発熱が増していく．その伝導熱によって，近くの可燃物を発火させるのよ」

　「このような火災を防ぐには，電線の接続には接続金具を用いて強固に締めつけること．また，電気機器が動作しないときは，調査して放置することのないようにすることよ．施工は一時のことだけど，後のメンテナンスに影響を与えるから，技術基準にのっとった施工をしなければならないということよ」

4 変電所等全般に関する知恵

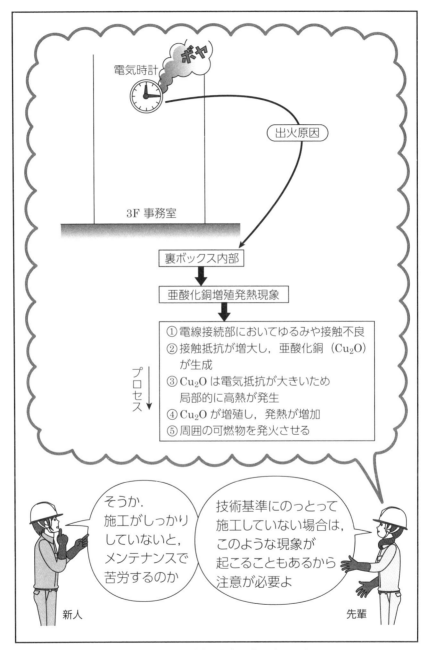

第99図 亜酸化銅増殖発熱現象でボヤ

100
再現性のない絶縁不良は根気よく探す．そして推理だ！

　まだ経験の浅い主任技術者は，自身の管理している事業所から連絡を受けた．事業所長の話では，漏電警報器が鳴っているとのことであった．早速，現場に駆けつけたが，漏電警報器はもう鳴っていない．
　「どのくらいの時間鳴っていたのですか」
　「それが，ほんのわずかな時間なのです」
　稼働している機器があるので，停電して絶縁抵抗を測定するわけにはいかないから，各変圧器の漏れ電流を測定したが，大きな漏れ電流は流れていない．これは一過性の絶縁不良だろうか．でも，どこかに原因があるはずだ．だけど，どうやって調べたらいいのか悩んだ．そうするうちに，また警報が鳴って駆けつけると，やはり警報は止まっている．そうだ．先輩に聞いてみよう．
　先輩いわく，「その2回警報が鳴ったときの共通点はないかな．たとえば，時刻とか天候とか．特に天候は，絶縁に影響するからね」
　新人主任技術者は，現場へ行ったときの状況を思い浮かべた．たしか，時刻は夕方で天候はあまりよくなかったな．夕刻に電源がONする機器を探せば，何かヒントが得られるかもしれないな．
　そう考えながら現場を観察していたとき，一本の外灯の前でひらめいたのである．外灯は，夕刻に点灯するんだったな．ここの安定器のふたを開けてみよう．安定器の上には，カバーナイフスイッチがある．よくみると，その電源引込口に，しずくのような跡がある．雨が降ったとき，ここから結露水が入り込んで，一時的に絶縁が悪くなったのかもしれないな．その穴をコーキングでふさいだ．それ以降，警報は鳴らなくなったのである．結露水が通電によって乾き，警報が止まったものと推定した．
　再現性のない絶縁不良は，根気よく刑事のように現場を探らなければならないことを痛感したのである（第100図参照）．

4 変電所等全般に関する知恵

第100図　再現性のない絶縁不良の探索

索　引

数字

1線地絡事故	132
27信号	184
6％リアクトル	48, 50, 52

アルファベット

AVR	96
A種接地工事	2, 76
BHR	10
B種接地工事	36, 38
b接点	122
CCT	8
CT	8, 90, 120, 122, 186
DGR	90, 124, 128, 160
DGR付きPAS	168
DS	190, 192
D種接地	126, 186
ELR	130
ESインタロック解除ランプ	150, 152
IGBT	98, 110
LCD	104, 106
LED	104, 106
LTC	42
LBS	188, 196
OCR	120, 122, 186, 192
PAS	80, 86, 90, 124
PF－S形	188
SC	58, 60, 64
SF_6 ガス	58, 86
SNW	144, 146, 150, 152
SOG	88, 90
tan δ	92
UGS	86, 88
UPS切換盤	178, 180
VCBチェッカ	74
VDランプ	144, 152
VMC	48, 56, 118
VT	80, 86, 124, 194
VCB	172, 182, 184, 192, 196
VMC	172
ZCT	86, 90, 128, 160
ZnO	76
ZPD	86, 128

あ

アモルファス変圧器	6
亜酸化銅増殖発熱現象	200
油入変圧器	2, 14, 16, 20, 22, 44, 164
インバータ	98, 100
位相判別	128
渦電流損	6, 20
運転予備力	142
運用申合書	150
オリフィス	10

か

カバーナイフスイッチ	202
下限圧力スイッチ	58
下部調整池	142
化学的低減法	116
加極性	12
過電流継電器	146
過電流蓄勢トリップ形	90
過渡回復電圧	72
回復電圧	48, 56
開閉サージ	40
開放形変電所	168
感電事故	164, 188, 190, 192
ガバナ調整器	96
外導水トリー	92
外部波及事故	124, 168, 198
基本料金単価	156
起磁力	120
共通予備UPS	108, 112
協議契約	134

205

極性··12
切換開閉器··42
切換盤··154
疑似電極···116
逆電力遮断特性····································146
業務用電力···156
業務用電力2型····································156
空気コンデンサ···································138
空気層···138
グリースアップ···································182
けい素鋼板··6
契約電力···························114, 134, 140, 156
計器用変圧器······································124
検相器··190
減極性··12
限時要素··122
限流ヒューズ································46, 168
限流抵抗器···42
コンデンサ容量測定器··························64
故障電流増加率····································68
高圧ガス開閉器····································86
高圧カットアウト······························168
高圧キャビネット·························86, 88
高圧リアクトル······························78, 84
高速スイッチング··························98, 110
高調波··50
混触防止板·······························38, 40, 44
混触防止板付き変圧器···················38, 40

さ

サージ電圧···98
サーモラベル·······································52
サイクリック制御···························56, 60
サイリスタスイッチ··························104
再点弧··48, 56
再閉路···90, 132
酸化亜鉛素子··76
酸化被膜··172
残留電荷··································48, 104, 194
シリコーン油·······································10
試験用変圧器································78, 84

示温材··52
遮へい層（高圧ケーブル）··················82
主巻線··42
手動・自動切換スイッチ···········170, 184
瞬時停電··132
瞬時電圧低下·····························100, 132
瞬時要素··122
衝撃油圧継電器····································10
触媒栓···176
真空バルブ·······················42, 72, 74, 182
真空電磁接触器·············48, 56, 118, 172
真空度試験···74
磁気ひずみ···20
磁気飽和·······························4, 120, 186
磁区··6
磁束変化率··120
磁束密度······································6, 186
自己電源法··192
自動多回路開閉器································88
自動電圧調整器····································96
自動力率調整器············48, 56, 60, 118, 166
実負荷運転··································94, 184
実量制契約··114
需要率··14, 136
充電電流································80, 84, 86
循環電流······································12, 42
上限圧力スイッチ································58
上部調整池··142
スタインメッツの実験式························6
スナバコンデンサ································98
スナバ抵抗···98
スポットネットワーク······144, 146, 150, 152
制限電圧··76
静電遮へい···40
静電誘導··82
責任分界点···86
赤外線温度計·····································164
接触抵抗·····································116, 200
接地開閉器································150, 152
接地抵抗······································76, 116
接地抵抗低減剤·································116

索引

設備不平衡率	18
絶縁回復特性	72
絶縁距離	36
絶縁強度	76
絶縁常時監視装置	130
絶縁耐力試験器	74
絶縁抵抗	60, 64, 202
絶縁用保護具	196
絶縁用防護具	196
相回転	190
損失比	34
続流	76

た

対地静電容量	78, 84, 128, 138, 160
耐圧試験（高圧ケーブル）	78, 80, 84
耐熱クラス（電気絶縁システム）	14
待機予備力	142
待機用UPS	108, 112
短絡事故	40, 70, 90, 146, 182, 198
短絡接地器具	136, 188, 192, 194
短絡電流	46, 70, 90, 122, 146
短絡容量	70
タップ巻線	42
タップ選択器	42
台数制御（変圧器）	34
第2調波	32
第3調波	24, 28, 30, 36, 44
第5調波	50, 52
断路器	190, 194, 196
地絡事故	124, 128, 168, 198
地絡電流	40, 82, 128
地絡保護協調	160
地絡方向継電器	90, 124, 128, 160
蓄勢装置	42
蓄電池給電	180
窒素ガス封入式（高圧コンデンサ）	58
中性点非接地	160
直流漏れ電流	92
直列リアクトル	44, 48, 50, 52
テイクオフ盤	154
停電信号	184
停電補償時間（UPS）	174
停復電処理スイッチ	136
定格遮断電流	70
抵抗バルブ	42
抵抗率	6
鉄損	4, 20, 26, 34, 120
デマンド監視装置	114, 140
電圧検出器	144, 150, 152
電圧変動率	26
電力需給用複合計器	158
電力量夏季比率	156
電力量料金単価	156
トリップコイル	122
トレンド管理（電流値）	126
透磁率	20
突入電流	48, 52
動作時限	160
同期検定器	96
同期盤	96
導電性テープ	92
銅損	4, 26, 34

な

内導水トリー	92
内部抵抗	176
二重設置（GR）	124
ネットワークプロテクタ	146
ネットワークリレー	146
ネットワーク変圧器	14, 146
年間電気料金クロスポイント電力量	156

は

波高値	32
半導電層	92
バイパス入力	180
バイポーラトランジスタ	98
パッシェンの法則	74
パワーMOSFET	98
パワーヒューズ	46
ヒステリシス損	4, 6, 20

索引

ひずみ波 …………………………… 24, 32
火花電圧 ……………………………… 74
比率差動継電器 ……………… 8, 10, 32
避雷器 ………………………… 76, 196
非常用発電機同期投入 ……………… 96
ピーク電力 ………………………… 114
ピラーボックス …………………… 88
不必要動作 …………………… 86, 160
不平衡度 …………………………… 64
負荷時タップ切換装置 …………… 42
負荷率 ……………………………… 34
ブッフホルツ継電器 ……………… 10
ブルドン管 ………………………… 22
物理的低減法 ……………………… 116
プロテクタヒューズ ……………… 146
プロテクタ遮断器 ………… 144, 146
並行運転（変圧器）………………… 12
変圧比 ……………………… 4, 8, 42
変流器 ………………… 8, 120, 122, 186
変流比 ……………………………… 8
ベース電力 ………………………… 142
保守バイパス ……… 102, 104, 106, 108
補償変流器 ………………………… 8
補償用リアクトル ………………… 80
放射温度計 ………………………… 164
放電コイル ………………………… 48
放熱フィン ……………………… 14, 44
本線 …………………… 148, 154, 170, 172
ボイド ……………………………… 92
ボウタイ状水トリー ……………… 92
防火区画処理 ……………………… 198

ま

巻数比 …………………………… 4, 12
巻線導体電位 ……………………… 2
水トリー …………………………… 92
無効電力制御 ……………………… 118

無効電力量計 ……………………… 158
無瞬断スイッチ …………………… 102
無停電電源装置 ………… 100, 110, 132
無負荷運転 ………………………… 94
無負荷損 …………………………… 6
モールドディスコン ……………… 88
モールド樹脂層表面電位 ………… 2
モールド変圧器 … 2, 14, 16, 20, 22, 44, 164
もらい事故 ……………… 86, 124, 128, 160
模擬負荷 …………………………… 94
目標力率 …………………………… 166
漏れ磁束 …………………………… 4
漏れ電流 …………… 126, 130, 138, 202

や

誘電率 ……………………………… 2
誘導障害 …………………………… 28
予備線 ………………… 148, 154, 170, 172
余剰電力 …………………………… 142
容器圧力検知方式 ………………… 46
揚水発電所 ………………………… 142

ら

雷インパルス耐電圧 ……………… 76
リーククランプメータ ……… 126, 138
理想変圧器 ………………………… 4
力率改善 …………………………… 158
力率割引制度 ………………… 54, 158
力率制御 …………………………… 56
冷却ファン …………………… 98, 100
励磁電流 … 4, 24, 26, 28, 30, 32, 44, 120, 186
励磁突入電流 …………………… 32, 44
零相基準電圧 ……………………… 128
零相電圧検出器 ……………… 86, 128
零相変流器 …………………… 86, 128
漏電警報器 ………………… 126, 202

著者■**武智　昭博**（たけち　あきひろ）

略歴■1949年　愛媛県生まれ
　　　「坂の上の雲」に登場する正岡子規が学んだ藩校・明教館，現愛媛県立松山東高等学校卒業．
　　　1973年　山梨大学工学部電気工学科卒業．埼玉県庁に奉職．
　　　自家用電気設備の設計・監理，メンテナンス，省エネ・省コスト等を手がける．
　　　埼玉県荒川右岸下水道事務所電気保安担当部長．特別高圧自家用電気工作物の主任技術者として従事．
　　　その後，東光電気工事株式会社環境企画室部長．省エネルギー・新エネルギー提案等を展開．併せて，社員の電験教育にも取り組む．
　　　現在，電気技術コンサルタントとして活動．エネルギー管理や執筆に取り組む．

資格■第2種電気主任技術者・エネルギー管理士・1級電気工事施工管理技士・第1種電気工事士等合格

著書■自家用電気設備の疑問解決塾（オーム社）
　　　イラストでわかる電気管理技術者100の知恵（電気書院）
　　　イラストでわかる電力コスト削減現場の知恵（電気書院）

© Akihiro Takechi 2017

イラストでわかる 電気管理技術者100の知恵PART2

2017年　4月28日　　第1版第1刷発行
2019年　2月25日　　第1版第2刷発行

著　者　　武　智　昭　博
発行者　　田　中　久　喜

発　行　所
株式会社 電気書院
ホームページ　www.denkishoin.co.jp
（振替口座　00190-5-18837）
〒101-0051　東京都千代田区神田神保町1-3 ミヤタビル2F
電話（03）5259-9160／FAX（03）5259-9162

印刷　中央精版印刷株式会社
Printed in Japan／ISBN978-4-485-66549-7

・落丁・乱丁の際は，送料弊社負担にてお取り替えいたします．

JCOPY 〈出版者著作権管理機構　委託出版物〉

本書の無断複写（電子化含む）は著作権法上での例外を除き禁じられています．複写される場合は，そのつど事前に，出版者著作権管理機構（電話：03-5244-5088，FAX：03-5244-5089，e-mail: info@jcopy.or.jp）の許諾を得てください．また本書を代行業者等の第三者に依頼してスキャンやデジタル化することは，たとえ個人や家庭内での利用であっても一切認められません．